KB074510

바바 카즈오 박사의

馬場 一雄 / 송운하 편역

아이북스

바바 카즈오 박사의 **월령별 육아법**

초판 인쇄 2019년 6월 03일

초판 발행 2019년 6월 10일

지은이 | 바바 카즈오

편　역 | 송운하

펴낸곳 | 아인북스

펴낸이 | 김지숙

등록번호 | 제2014-000010호

주소 | 서울시 금천구 가산디지털2로 98 B208호

(가산동, 롯데IT캐슬)

전화 | 02-868-3018　팩스 | 02-868-3019

메일 | bookakdma@naver.com

ISBN | 978-89-91042-77-3 (03590)

■ 잘못 만들어진 책은 바꾸어드립니다.

■ 책값은 뒤표지에 있습니다.

이 도서의 국립중앙도서관 출판예정 도서목록(CIP)은 서지정보유통지원시스템 홈페이지(http://seoji.nl.go.kr)와 국가자료종합목록시스템(http://www.nl.go.kr/kolisnet)에서 이용하실 수 있습니다. (CIP제어번호 : CIP2019014582)

바바 카즈오 박사의

월령별 육아법

馬場 一雄 / 송윤하 편역

아이북스

| 머리말 |

부모로서 아이를 키우면서 느끼는 즐거움이나 기쁨도 물론 크지만, 불안과 고통을 느낄 때도 많을 것이다. 아이를 키우는 방법에 대해 여러 의문이 생기기도 하고 당황하기도 하며, 또 아기에게 걱정되는 증상이 나타나기도 하기 때문이다.

그러나 이렇게 아기를 키우면서 부딪치는 여러 가지 의문들에 대해 과학적인 근거를 제시하며 명쾌하게 답변해주는 책은 의외로 많지 않다.

물론 아기의 성장, 발달, 질병 및 육아기술 등을 수박겉핥기식으로 다룬 육아 서적들은 시중에 넘쳐나지만 대부분 저자의 경험적 의견을 서술하였을 뿐 과학적, 의학적 근거를 제시하지 못하고 있다.

현대는 정보화 시대라고 하는데, 정보혼란의 시대라는 표현이 더 적당할 것 같다. 아기의 양육법에 대해서도 서로 정반대의 의견들이 제시되고 있다.

이러한 정보혼란에 대처하는 가장 좋은 방법은 아기의 양육에 관한 의견이나 주장의 과학적인 근거를 밝히고 그러한 근거를 토대로 올바른 판단을 내리는 것이라고 생각한다.

이 책은 양육에 애쓰고 계시는 부모님들이나 아기 양육을 사업으로 하고 계시는 분들의 올바른 판단과 의사결정을 위해 꼭 필요한 지식을 모아놓았다.

따라서 제목도 '과학으로 보는 아기 키우기'나 '의학으로 보는 아기 키우기'라고 하고 싶었으나 성장 단계별로 나누어 마음을 기르는 데 중점을 두었으므로 '월령별 육아법'이라고 하였다.

현재 아기 양육으로 수고하시는 부모님들뿐만 아니라 아기양육을 지원하는 의료, 보육, 보건 및 간호 직종에 종사하시는 많은 분들께 이 책이 널리 읽혀지기를 기대하는 바이다.

c o n t e n t s

contents

| 상냥한 마음과 과학 |

어머니의 상냥한 마음과 과학과는 얼핏 상관관계가 없다고 생각할지도 모르겠다.

'과학적'이라 하면 왠지 매우 거북한 학문처럼 느껴질지 모르지만 실은 당연한 일을 당연하게 하기만 하면 된다.

성장하는 아기의 몸속에서 세포 수가 늘어나고 장기의 크기나 작용도 시시각각으로 변하는 것은 당연하며 그 당연한 변화를 시간을 좇아 바르게 포착하고 변화에 따라 적절하게 대응하는 것이 과학적 육아다.

이를테면 생후 1년까지 유아기乳兒期의 체중증가방식과 유아기幼兒期의 체중증가방식은 그 패턴이 다르다.

유아기乳兒期에는 신장의 3제곱에 비례하는 눈사람 식의 체중증가가 나타나고 유아기幼兒期에는 신장에 비례하는 죽순 형竹筍型의 체중증가를 나타낸다. 이러한 사실을 알고 있으면 불필요한 걱정이나 식사를 강요하지 않으며 아기에게는 '정말로 상냥하고 어진 어머니'가 될 수 있을 것이다.

나는 평소부터 유아乳兒나 유아幼兒에게 있어서 육아가 상냥한 마음으로 넘치기를 바라나 상냥한 마음의 육아란 실은 과학적 육아라는 것을 육아에 임하는 모든 사람이 올바르게 인식하기 바란다.

기계의 구조를 모르면 로봇을 움직이게 할 수 없다. 메커니즘을 모르면서 로봇을 무리하게 조작하면 로봇은 부서지고 만다.

물론 아기는 로봇이 아니고 사람의 신체는 로봇과는 비교도 할 수 없을 정도로 정교하게 되어있다. 아기 역시 발육의 메커니즘을 파악하지 못한 채 기른다면(조작한다면), 로봇처럼 부서지지는 않더라도 정상적인 발달은 저해될 것이다.

과학을 빼고 아기를 기르는 것은 아기에게는 매우 난폭한 육아이어서 로봇이라면 이미 옛날에 부서졌을 텐데, 인간이 정교하게 만들어져있기 때문에 아직 망가지지는 않았을 뿐이라 생각해도 좋다.

여러분께 겁을 줄 생각은 없지만 좋은 육아는 손끝의 기교만으로는 할 수 없다는 것을 강조하고 싶다.

오히려 기교는 어설퍼도 아기의 성장에 수반된 생리적인 변화를 잘 파악하고 거기에 과학적으로 대응할 수 있는 어머니가 될 수 있다면 육아는 80%이상 성공이다.

예전의 어머니들은 상냥하고 또 엄격했다는 인상이 남아있다. 예전에는 현재와 같이 일반인에게까지 과학적 육아지식이 널리 보급되지는 못했다. 그럼에도 불구하고 이치에 알맞은 육아를 했던 것은 과학적 지식은 없을지라도 많은 아이를 기르는 동안의 경험으로 몸에 밴 육아의 지혜를 터득했기 때문이다.

자연의 섭리에 합당한 육아법은 결코 비과학적인 것이 아니다. 아기의 성장과정은 대단히 자연스러워 무리가 없게 프로그램 되어 있다.

기르는 정성

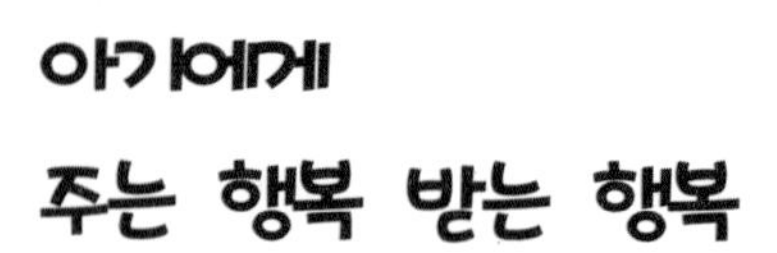

아기에게 주는 행복 받는 행복

유아乳兒시절의 행복이 반드시 그 아이의 전 생애에 걸친 행복을 약속하는 것은 아니지만, 어린 시절에 참된 행복을 체험하지 못한 어린이는 어른이 되어서도 행복을 터득하고 행복감을 맛보는 능력이 부족한 것 같다.

그렇다면 어린이에게 진정한 행복이란 무엇일까? 별난 사람이라 비웃음을 살지도 모르겠으나 그 해답을 찾아서 수 년 전 서아프리카의 조그마한 나라를 찾아간 일이 있다.

그 이유를 말하자면, 그 나라에는 정원에 풀장을 설치한 호화 대저택에 사는 거부와 지붕과 기둥만 있을 뿐 문도 벽도 없는 움막에 사는 가난한 사람들이 서로 이웃해서 화목하게 살아가는 기묘한 나라이기 때문에 어린이에게 무엇이 행복인가를 조사하기에는 딱 적당한 곳이라 판단했기 때문이다.

실제로는 체류기간의 제약도 있어 현지생활에 깊이 파고들만한 사정은 아니었다. 그러나 누더기를 걸치고 맨발로 뛰어 노는 빈곤가정의 어린이들이, 하인들에게 떠받들려 자라는 부유층 어린이들보다 밝고 명랑해서 행복하게 보였다. 그리고 그 이유는 엄마와 살을 맞대는 접촉이 더 긴밀하기 때문이라는 생각이 들었다.

어른과 마찬가지로 어린이에게도 행복이란 결국 정신적인 문제라고 판단했다. 가족과의 정신적 유대로 결속되는 것이야말로 참다운 행복이며 그렇게 양육된 가치관이야말로 훗날 어른이 되었을 때 행복을 터득하기 위한 필요조건이라고 결론지었다.

여기서 주객을 전도시켜 부모의 입장에서 생각해보면, 애정만 있다면 어린이는 잘 자라고 끌어안아주기만 하면 착한 아이로 자란다고 나름대로 확신을 가졌다. 그것이 불멸의 진리라는 것은 필자 역시 확신하는 바이지만, 그렇다고 해도 다소의 요령쯤은 있어야 한다.

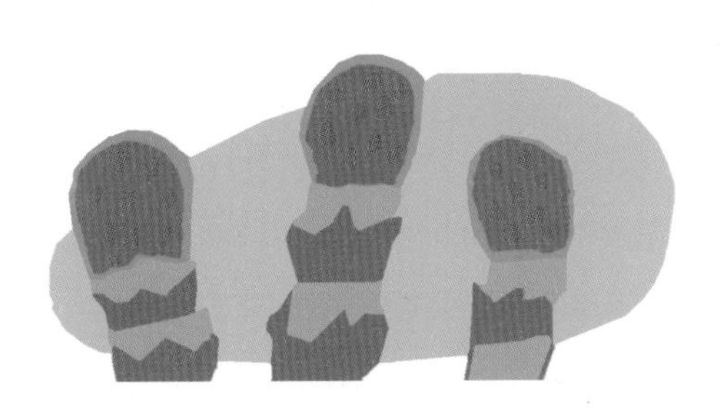

그림) 선인장 3개

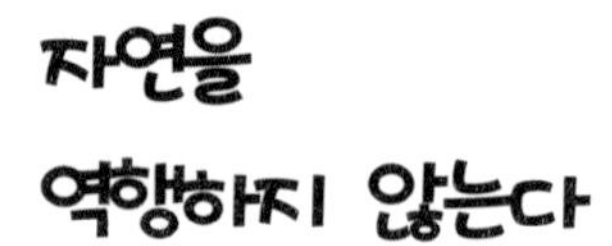

첫째는 자연을 역행하지 않는 일이다. 어린이는 '꽃송이'처럼 길러야 한다는 것이 나의 주장이다.

꽃 재배와 분재는 생명이 있는 것을 기른다는 점에서는 공통된다. 그러나 꽃 재배는 서리를 맞지 않도록 막아주고 물과 비료는 주어도 분재처럼 뿌리를 솎거나 억지로 나뭇가지를 휘어잡아 비트는 일은 없다.

이렇듯 육아란 분재보다는 꽃 재배의 요령으로 길렀으면 좋겠다.

육아의 참된 모습을 꽃 재배에서 찾으려는 또 하나의 이유는, 누구도 국화 가지에서 장미가, 장미 가지에서 국화가 피어날 것을 바라지 않고, 국화는 국화로, 장미는 장미로 가장 아름답고 훌륭하게 피어나주기를 기대하는 점에 있다.

천부적인 각자의 개성과 소질을 인정하고 제각각 아름답게 피어나주기를 바라는 것이 참된 육아의 모습이다.

육아를 즐기는 마음의 여유

육아에 있어서 또 하나의 중요한 요령은 육아를 즐기는 일이다. 사사로운 예를 들어서 계면쩍지만, 두 딸을 기른 아내가 아기 기르기에 쩔쩔매는 딸의 모습을 보고, '아기란 즐거운 마음으로 기르지 않으면 잘 자라지 않는단다.' 하고 독백하듯 말했다.

그 말을 들었을 때 나 역시 '진실이구나.'하고 느꼈지만, 어째서 그러냐고 이유를 묻는다면 대답은 그리 간단하지 않다.

그러나 일상생활 속에서 많은 아이를 상대하다보면 어렴풋이나마 그 이유를 알 것 같다. 왜냐하면 업보로 받은 소아과 의사란 직업으로 인해 죽음의 고통으로 신음하는 소아암 어린이도 치료하지 않으면 안 된다.

하지만 그러한 아이가 세 살 미만일 땐 아직 죽음의 의미를 잘 모르기 때문에 슬프거나 두려운 감정이 없을 것이라는 점이 의사로서는 작은 위안이라면 위안이다.

그러나 엄마가 슬퍼하면 아이도 슬퍼하고, 엄마가 웃으면 아이도 따라 웃는다. 엄마의 희비애락은 그대로 아이의 마음에 전달된다.

이것이 유아에게 공통된 심리라면 엄마가 육아를 즐기는 것이야말로 명랑하고 착한 아이로 자라게 하는 이유임을 이해할 수 있을 것이다.

그림) 풀밭에서 노니는 어미 오리와 새끼오리 세 마리

엄마의 마음

전해오는 전설에 이런 이야기가 있다.

호숫가에 살고 있는 한 젊은 어부가 예쁜 여인을 아내로 맞아 아기를 낳았는데, 이 여인은 호수에 사는 용의 화신으로 머지않아 용궁의 법도에 따라 호수 속으로 돌아갔다.

젊은 어부는 하는 수 없이 낮에는 동냥젖으로 아이를 기르고 날이 저물면 호숫가에 나가 아내의 이름을 불렀다.

남편이 부르는 소리를 듣고 나타난 용녀는 자기의 한 쪽 눈을 남편에게 건네주며 아이가 그것을 빨도록 하라고 일렀다.

아내 용녀가 시키는 대로 그 눈알을 아기에게 빨게 했더니 지금까지 그칠 줄 모르고 울던 아기가 울음을 그쳤다. 며칠을 빠는 동안 그 눈알은 닳아 없어지고 말았다.

젊은 어부는 다시 호숫가로 나가 아내를 불렀다. 다시 나타난 용녀는 남은 한 쪽 눈마저 빼주며 이제는 앞을 볼 수가 없으니 매일 밤 산사山寺를 찾아가 종을 쳐달라고 남편에게 부탁했다. 그 연유를 물으니 산사의 종소리를 듣고 아기와 남편이 무사하다는 것을 확인하기 위해서라고 했다.

그 후로 매일 밤 산사에서는 종소리가 들려왔다고 전해진다.

제법 소박하고 가슴 저미는 전설인데, 이 이야기만큼 어머니의 본질을 잘 나타내는 이야기도 없을 것 같다.

내 아이를 위해서라면 몸도 마음도, 목숨까지도 아끼지 않는 것이 바로 어머니의 마음이다.

그림) 어미오리와 새끼오리 네 마리

어미의
동물적인 사랑은 자기희생

목숨까지도 아끼지 않는 이러한 애정은 아이에 대한 어머니의 동물적인 본능이라고 치부하기 쉽지만 실은 단순히 본능이라고만 하는 것은 잘못된 견해다. 오히려 본능으로 싹튼 애정이 아이와 접촉하는 과정에서 더욱 크게 자라난 사랑의 결과라고 이해하는 것이 옳다.

어머니와 아기 사이의 마음의 교류가 육아의 과정에서 어떻게 강화되느냐에 대해서는 많은 비교행동학적인 연구가 있다.

그러나 그들의 연구에 기댈 것도 없이, 비록 친자식이 아니라도 자식으로 양육할 때 어머니와 자식 사이에는 끊을 수 없는 유대가 형성된다는 것을 안데르센의 동화 『미운 오리새끼』가 가르쳐준다.

본능으로 싹트고 접촉을 통해 기르는 아무런 보상도 바라지 않는 사랑이야말로 바로 어머니의 본질 아닌가. 무엇보다도 이러한 맹목적인 애정만 있다면 비록 생활은 곤궁하나 아이들은 건강하고 풍요롭게 성장할 것이다.

육아의 완성은 이유離瑜

무조건적인 사랑만 있으면 어머니의 자격이 충분한가? 그렇지는 않다. 한 여성이 어머니로 완성되기 위해서는 한 걸음 더 전진할 필요가 있다. 그 한 걸음이란 '이유離瑜'를 결심하는 일이다.

'이유'란 대부분의 야생동물에게서 볼 수 있는 것처럼 어느 단계까지 성장한 아이를 어미의 품에서 내보내 독립생활을 시작하게 하는 것, 자유롭게 날 수 있게 된 아기 새에게 괴롭고 쓸쓸함을 참아내고 넓은 세상에서 새 둥지를 틀 수 있게 해주는 것을 뜻한다.

아기는 다른 동물과는 달라서 어엿한 한 사람이 되기까지는 10~20년이란 긴 시간이 필요하다. 그렇다고 부모가 언제까지나 건강하게 살아있을 수만은 없다. 언젠가는 아이들도 홀로서기를 해서 독립생활을 하지 않으면 안 된다. 자기 자신의 기력과 지혜로 밝고 바르고 아름답게 인생을 살아나가야 한다.

머지않아 찾아올 '이유'의 그 날에 대비하여 아이의 독립을 의연하게 지켜볼 마음의 자세가 형성되었을 때, 그 때가 바로 어머니로 완성되는 날이다. 그리고 그 때가 바로 자식 기르기 중 일단계의 완성이다.

이유는 대단히 섭섭한 일일 것이다. 사실 의학에는 '공허증후군空虛症候群'이라는 병명이 있다. 아이를 다 기른 여자에게서 나타나는 무기력, 박탈감, 권태감 등의 증상을 말한다.

하지만 당신의 아이가 성인이 되어 부모의 품을 떠나도 아이들은 결코 어버이를 잊지 않는다.

지난 날 전장에서 산화한 젊은이들 가운데에도 '어머니'하고 외치고 죽어간 병사들이 많았다는 이야기를 들었을 것이다. 그러므로 어머니의 품이 비는 일은 절대 없을 것이다.

그림) 호수에서 깊은 고민에 빠진 어미오리

탄생 ~ 1주

탄생의 순간

아기에게는 환경의 급변입니다

엄마와 튜브로
연결되어 있어 배꼽
으로 영양을 받는다

37°C로 온도 조절되어
있는 온수 풀

어머니의 뱃속

살균되어 있어 매우
위생적

저산소低酸素의 태내에서
배꼽으로 호흡한다

그림) 어머니의 뱃속에 있는 아기

탄생의 순간과 아기의 신체구조

그림) 탄생 후의 아기

아기를 더 깊이 이해하기 위하여

갓난아기는 정성스럽게

다루지 않으면 깨져버릴 것처럼

나약하고 믿음직하지 못하게

보이지만

그의 내부에는

왕성한 생명력이 비장되어 있다.

아기의 생리를 이해하여

잘 지켜주자.

그림) 개나리 꽃밭에서 아기를 안고 있는 어머니

아기를 더 깊이 이해하기 위하여

쾌적 온도 20~22℃는 갓난아기에게는 엄청난 쇼크

자궁 속의 아기는 37℃ 전후의 가장 적당한 온도에서 살다가 출생과 동시에 온도가 갑자기 15℃정도로 급강하한다. 신생아가 생활하기에 좋은 실내온도는 20~22℃이다. 그러므로 아기는 37℃라는 고온 환경에서 저온 환경으로 급격한 온도변화를 체험하게 된다.

이러한 한랭체험은 아기에게 '첫 울음을 울게(첫 호흡)'하는 자극이 된다.

아기의 제1성인 '응애!'는 실은 '아이 추워!'라는 말을 대신하는 외침이기도 하다.

아기는 출생 전까지 온도가 급격히 떨어진 환경에 적응하여 체온을 조절할 수 있는 기능을 미리 갖추지만 아직 미세한 부분까지 조절할 능력은 없다.

신생아실의 실내온도가 너무 낮으면 아기는 체온이 떨어져 순환장애를 일으키는 경우가 있다. 이것을 신생아 한랭장애라고 한다.

그러나 아기의 몸은 앞으로 생애를 살아나가기에 매우 편리하게 되어있다. 출생한지 불과 2~3일 사이에 주위 환경, 즉 온도 변화에 대한 조절기능은 훨씬 좋아져 땀을 흘리든가 해서 스스로 체온을 조절하는 기능이 발달한다. 그래서 미세한 조절도 할 수 있게 된다.

탄생 ~ 1주

에베레스트 산 정상에서 활강하는 위험을 극복하여 태어나

세계 최고봉인 에베레스트는 표고 8,848m, 그 정상의 산소분압酸素分壓은 59.8m/mHg로 이와 같은 저 산소 상태에서는 건강한 성인도 30분 이상 살아있을 수 없다고 한다.

덧붙여 말하자면 해면海面의 산소분압은 15.90m/mHg이라고 하니 얼마나 산소가 적은지 알 수 있다.

그런데 태아가 자라는 자궁 속의 산소분압은 에베레스트 산보다도 더 높은 표고 10,000m고도의 산소분압과 거의 같은 400m/mHg이다.

성인이라면 산소마스크 없이는 단 20분도 살아있을 수 없을 정도로 희박한 산소 속에서 아기는 건강하게 자라는 것이다.

이러한 저 산소 환경에서 태아가 살 수 있을 뿐 아니라 성장 발달까지 할 수 있는 것은, 태아의 혈액 속에 적혈구가 많이 있기 때문이다. 그 적혈구 속에 함유된 헤모글로빈이 산소친화성이 강한 태아 특유의 물질이기 때문이다.

다시 말하면 태아의 혈액은 일반 성인의 혈액과는 그 질이 다르다.

그러므로 어른과 다른 혈액을 가진 태아가 이 세상에 태어날 때는 에베레스트 산 정상에서 깊은 해저까지 단숨에 급강하하는 것과 같은 급격한 변화를 체험하는 것이다.

탄생 ~ 1주일

그림) 성인 남자와 에베레스트 산 정상에서 활강하는 아기

첫 울음
소리로 이어지는 허파호흡의 긴장감

첫울음소리가 우렁찼기 때문에 건강한 아기라고 생각했다느니, 첫울음소리가 들리지 않아 걱정했다느니 하는 말처럼 첫울음소리는 태어난 아기 상태의 바로미터 barometer가 된다.

여기에는 까닭이 있다. '응애~' 하는 제2성은 허파에 공기를 넣기 위한 귀중한 발성이다.

이 첫울음소리에 의해서 허파는 순식간에 팽창하여 폐호흡을 할 수 있게 된다.

이와 동시에 혈액도 폐로 흘러들어 폐에서 산소를 보급 받아 동맥을 통해 전신을 순환하는 성인형의 순환이 시작된다.

태아기에 혈액과 산소의 수송통로 역할을 하던 탯줄(제대臍帶)은 출생 후 3~5분이 지나면 박동搏動이 정지되고 10분 뒤에는 혈액 공급이 중단된다. 다시 말해서 탯줄은 그 역할을 끝낸 셈이다.

태반호흡을 할 수 없게 된 아기는 어떻게든 자신의 허파를 움직여 호흡하고 공기 속의 산소를 끌어들이지 않으면 안 되는데, 첫울음 소리를 내지 못해 허파가 열리지 않은 채 수 분

그림) 태반호흡에서 폐호흡으로 바뀌는 아기

이 경과하면 뇌가 산소결핍 때문에 장애를 일으킬 위험이 있다.

첫울음소리만으로 아기의 건강 정도를 측정할 수는 없지만 태어나자마자 바로 첫울음을 터뜨리지 못하는 경우나 첫울음소리가 대단히 약할 경우는 폐호흡을 하지 못하거나 허파에 충분한 공기가 들어가지 않았다고 생각해도 된다. 이런 경우 서둘러 응급조치를 하지 않으면 훗날 뇌성마비 등의 장애요인으로 남게 된다.

갓 태어난 아기가 운다는 것은 첫울음소리와 마찬가지로 허파호흡으로 이어지는 필수 과정이다. 그러므로 울음소리가 크다는 것은 아기에게 대단히 필요하며 생체활력이 왕성하다는 증거라고 할 수 있다.

때 묻지 않은 '청정세계'에서 오염된 '사바세계'로

탄생 ~ 1주

태아는 거의 무구한 자궁 속에서 생활을 영위해왔다. 그런데 출생을 경계로 무균의 환경에서 오염된 환경으로, 그것도 갑작스럽게 변한다.

이러한 환경의 급변에 아기가 어떻게 반응하느냐에 대해서는 아직 분명하게 밝혀진 증거는 없다. 그러나 동면동물의 실험을 통해 추측해볼 때 인간도 어떤 형태의 생리적인 적응을 해 나가고 있음이 틀림없다.

왜냐하면 동면동물인 뱀은 겨울잠을 자는 동안에는 감염방어력이 매우 약하지만 동면에서 깨어나면 면역단백질이 자꾸자꾸 증가하여 감염에 대한 방어력이 갑자기 강해진다.

생존을 위한 생체의 적응이란 참으로 굉장하고 또 불가사의함을 엿볼 수 있다.

아기는 출생 직후 뱀처럼 즉각 면역단백질이 자꾸자꾸 증가하는 생리적인 변화는 없다. 그러나 그 대신 모유母乳 속에 함유된 면역물질을 수유 받음으로써 감염 방어력을 기를 수 있다.

탄생 ~ 1주일

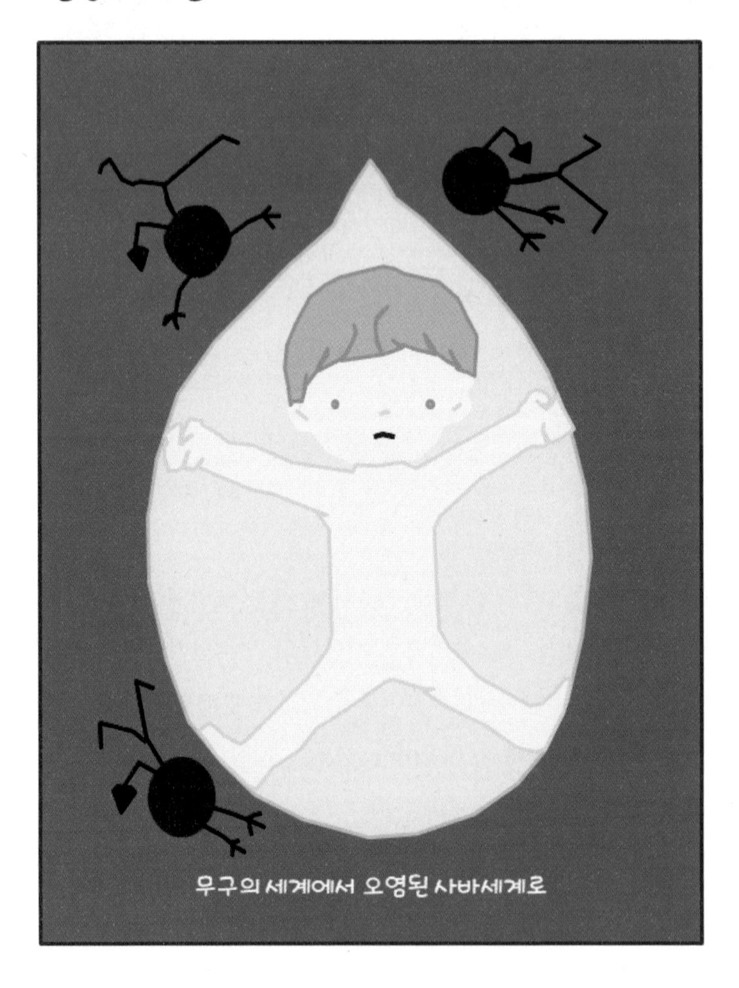

그림) 비눗방울 속의 아기와 바깥 세균

어쩌면 천지의 조화로 모유를 먹을 수 없는 뱀에게는 스스로 감염을 극복할 힘을 주고, 모유로 자라는 아기에게는 어머니의 비호가 아니면 튼튼하게 자랄 수 없도록 창조된 것 아닐까?

이렇게 생각해보면 아기를 모유로 길러야 한다는 이론이 단순한 이상론이 아니라 의학적으로도 필연성이 있는 중요한 일이라는 점을 이해할 수 있을 것이다.

아기의 감염방어에 대한 이야기는 모유 항목(p40~46 참조)에서 자세하게 설명할 테지만 모체에서 면역단백질을 전혀 이행받지 못하는 태반기구를 가진 동물, 이를테면 돼지나 소, 말 등은 모유를 먹이지 않으면 면역력이 전혀 이행되지 않아 감염에 무방비한 상태가 된다.

돼지는 모유를 먹이지 않으면 아기돼지는 감염 때문에 모두 죽어버린다고 한다.

인간은 임신 중 태반에서 면역물질이 일부 이행되므로 돼지만큼 심각하게 생각할 필요는 없다. 하지만 감염에 약한 상태에 놓여있는 것만은 분명하다.

아기의 신상에 무균환경에서 오염 환경으로의 변화가 일어났다는 사실만은 분명하게 이해하고 그에 대처하는 일이 아주 중요하다.

아기의 신체에 여러 가지 변화가 일어나고

지금까지 이야기해온 것은 아기를 둘러싼 외부환경과 관련된 설명이었다. 여기서부터는 방향을 바꾸어 아기의 변화, 즉 내부 환경에 대해서 생각해보자.

아기의 체내에서 일어나는 변화 가운데 첫 번째로 들 수 있는 것은 호흡이다.

다시 말해서 태반호흡에서 폐호흡으로의 변화다.

태아는 자궁 안에서는 태반을 통해 산소를 공급받아 살았는데, 일단 이 세상에 태어나면 자신의 허파로 호흡함으로써 산소를 끌어들여 살아가지 않으면 안 된다.

허파로 호흡할 수 있게 되면 그에 수반해서 혈액순환의 회로回路도 달라져 태아순환에서 성인순환으로 바뀐다.

구체적으로 말하면 태아순환시절에 큰 역할을 하던 동맥관動脈管과 난원공卵圓孔이 폐쇄되고 제대(탯줄)혈관도 폐쇄되어 성인과 같은 혈액순환으로 바뀐다.

또 영양도 태반영양에서 소화관 영양으로 바뀐다.

태아기에는 태반에서 포도당이나 아미노산을 얻던 것이 출생

후부터는 스스로 모유나 우유를 먹어 그것을 소화 흡수해서 살아가지 않으면 안 된다.

아무리 작고 나약한 존재일지라도 일단 이 세상에 태어난 아기는 내외적인 격변을 견디고 스스로 살아나가지 않으면 안 된다.

아기의 체내에서 일어나는 변화로는 내분비內分泌의 변화도 있는데, 이 변화는 혈액순환이나 호흡의 전환과는 그 의미가 약간 다르다.

남녀 성별을 불문하고 생후 2~3개월이 지난 아기의 젖꼭지에서 뿌연 액체가 나왔다고 걱정하거나 여아의 성기에서 피가 나와 놀랐다는 어머니가 있다.

하지만 이것은 모체에서 유래되던 에스트로겐(estrogen 여성 발정 호르몬의 일종)이 출생과 동시에 모체에서 떨어져 나왔기 때문에 호르몬이 감소되어 일어나는 작용이다.

'마유魔乳'니 '신생아 월경新生兒月經'이니 하는 이러한 현상들은 모체에서 받던 호르몬 영향의 흔적이다.

미니어투어 Miniature 청춘

아기들 중에는 얼굴에 여드름이 생기는 경우도 있는데, 마치 사춘기와 같은 내분비 작용이 생후 1주 이내의 아기에게 일어나는 현상이다.

이것을 미니어투어 Miniature 청춘이라 부르기도 하는데 신생아기의 미니어투어 청춘은 십 수 년 뒤 진짜 청춘기에, 마침내는 임신 출산을 거쳐 태어날 2세에게 다시 이를 인계해나간다.

아이의 성장과정은 평탄치가 않아 많은 걱정거리가 있다는 것은 앞에서도 이야기했다. 그와 동시에 사람의 일생은 출발점에서 종점을 향해 평행선만 걷는 것이 아니라 몇 번씩 반복하여 같은 시점으로 회귀하면서 나선모양을 그리며 진전해나가는 특성을 지니고 있다.

인생의 론도rondo(輪舞曲) — 아기의 이상한 행동

신생아기에 볼 수 있는 '원시보행原始步行(아기의 겨드랑이를 받쳐 들고 방바닥에 세워 아기의 몸을 약간 앞으로 기울여주면 아기는 발을 번갈아 가며 앞으로 내딛으며 마치 걷는 것 같은시늉을 한다.)'이나 '태내미소(胎內微笑: 수면 중에 나타나는 일종의 미소)'는 수개월, 혹은 1년 뒤 진짜 보행이나 건강한 웃음으로 재현된다.

신생아기에 일어나는 반사적인 보행이나 태내미소, 혹은 마유나 신생아월경은 아기의 의사와 관계없이 일어나는 현상이다. 신기한 것은 신생아기의 이러한 행동이나 현상이 이상하게도 인생을 살아가는 가운데 다시 일어나는 날이 있다는 것을 우리는 겸허한 마음으로 받아들여야 한다.

나는 이러한 현상을 인생의 론도라 불러본다. 인간은 스스로 빙글빙글 춤(윤무輪舞)을 추면서, 거기다 가족이나 주위 사람들과 손을 잡고 커다란 원무를 춰나가는데, 이것이 인생이다.

그러고 보면 인생은 하나의 론도, 또 론도의 반복으로 삶의 종말을 맞는것 같다.

인생의 론도(윤무곡輪舞曲)

그림) 원반 위에서 돌고 있는 아이와 아기를 올려놓는 두 손

무엇과도 바꿀 수 없는 모유

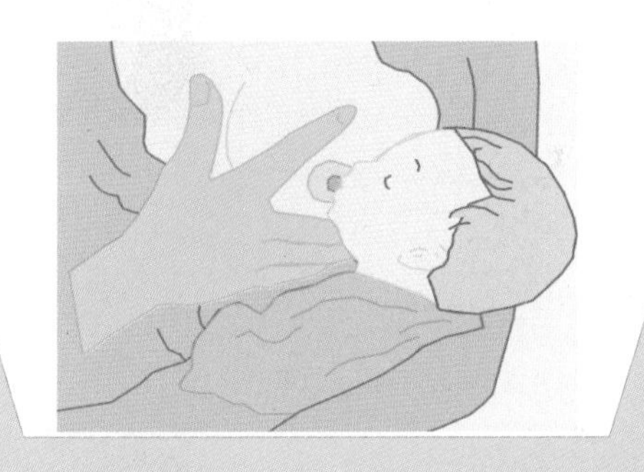

모자가
함께 만족할 수 있는 유대감

모유母乳는 이 시기의 아기에게는 무엇과도 바꿀 수 없는 귀중한 영양원이다.

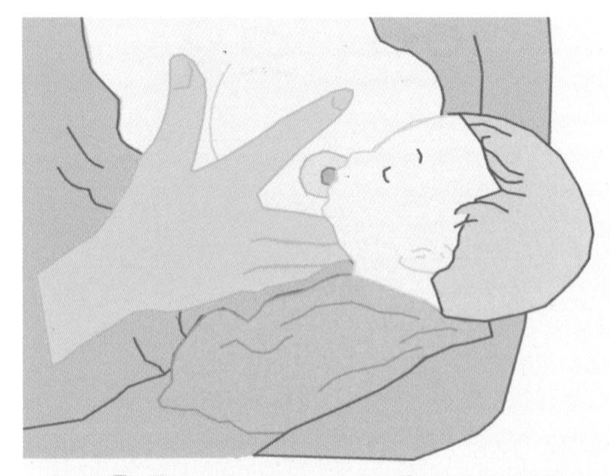

수유를 통해서 모자의 마음이 이어진다

그림) 엄마의 젖을 빠는 아기

무엇과도 바꿀 수 없다고 표현한 이유로는 먼저 '어머니와 아기의 유대'를 지적하고 싶다.

얼마 전까지만 해도 이 시기의 모유의 필요성은 '감염성 질병을 예방하는 면역물질이 초유初乳에 함유되어 있다'는 것을 첫 번째 이유로 꼽았다.

앞에서도 잠깐 언급한 것처럼 소나 말이나 돼지 등의 동물은 태반이 다층성 구조多層性構造로 되어 있으므로 태아일 때 면역을 모체에서 얻지 못하기 때문에 생후에 모유를 얻어먹지 못하면 죽어버린다. 하지만 인간은 태아기부터 이미 면역물질을 어느 정도 이행받는다.

물론 이것만으로는 충분하지 못하므로 모유 속의 면역물질을 얻는 것은 중요하다. 그러나 면역물질은 초유 속에만 함유되어 있는 것은 아니다. 성숙유(成熟乳: 출생 후 2주 이상 지난 뒤의 모유)에도 함유되어 있음이 밝혀져 있으므로 생후 1주일 안에 면역물질을 반드시 흡수해야 한다고 생각할 필요는 없다.

그보다도 생후 1주일 동안 꼭 해달라고 당부하고 싶은 것은 '어머니와 아기의 정신적인 유대'의 강화다. 이 유대를 강화하는 제일 자연스러운 방법은 '젖 먹이기'다. 아무리 경험이 풍부한 의사나 간호사라도 당신의 아기에게 젖을 줄 수는 없다.

태어난 아기에게 젖을 먹이는 일은 아기의 어머니밖에 할 수 없는 특권이므로 그 특권을 소중하게 행사하기 바란다.

우유 알레르기를 방지한다

갓 태어난 아기의 장관점막腸管粘膜은 투과성透過性이 매우 높은 것이 특징이다.

이 시기에 우유나 유제품을 먹이면 모유와 다른 종류의 단백질이 그대로 장관을 통해 체내로 흡수되어 우유알레르기를 일으킬 위험이 있다.

아기에게 모유는 같은 '사람(인종人種)'의 몸에서 나오는 것이므로 같은 종류의 단백질이지만 우유는 '소의 젖'이므로 아기에게는 다른 종류의 단백질이다.

특히 신체구조가 미분화未分化되고 모든 내장기관의 작용도 불충분한 이 시기의 아기는, 앞에서도 말한 것처럼 이 세상에 적응하는 일만도 힘겨운데, 이종異種의 단백질이 체내로 들어오면 그야말로 대혼란을 맞게 된다.

이 시기의 아기에게 어머니의 젖을 먹여야 하는 이유는 무엇보다도 아기의 소화기관에 무리가 없는 좋은 영양원이기 때문이다.

생후 10시간 이내에

젖이 불어서 아기에게 젖을 먹일 수 있으려면 출산 후 2~3일이 지나야 한다. 그러나 초유는 되도록 빨리 먹이는 것이 좋다는 견해가 최근 우세해지고 있다. 생후 10시간 이내에 모유를 먹이면 생리적 체중감소가 줄어든다는 보고도 있다.

무엇보다도 어머니와 아기의 유대를 강화하는 빠른 정들이기를 위해서도 수유의 기회는 빠를수록 좋다고 권장한다.

그러나 생후 10시간 이내에 하는 수유는 실제로 젖은 나오지 않는 경우가 많다. 하지만 아기에게 젖꼭지를 빨게 하는 것만으로도 훌륭하다. 아기는 갓 태어나서도 반사적으로 젖꼭지를 빨아 젖을 먹는다.

비록 적은 양밖에 나오지 않지만 아기에게 젖을 빨렸다, 젖을 빨았다는 모자 공동의 행위만으로도 목적을 훌륭히 달성한 셈이다.

또 아기에게 젖을 빨렸다는 자극은 그대로 뇌에 전달되어 하수체下垂體의 유즙을 분비하는 호르몬의 분비를 촉진하게 된다.

수유는 2 ~ 3시간 간격으로

초기의 수유횟수授乳回數는 어머니의 유방을 자극한다는 의미에서 되도록이면 많은 편이 좋다.

그러나 어머니의 체력적인 부담이나 아기가 피로하기 쉽다는 점에서 생각하면 대략 2~3시간 간격이 적당하다.

또 모유가 어느 정도 나올 때까지는 아기에게 포도당을 주는 것이 좋다.

태변胎便이 나오고 구토증상이 없는 아기는 이미 소화기가 작용하고 있다는 반증이므로 모유가 나올 때까지 당분이 함유된 따뜻한 물(포도당)로 갈증을 달래주는 것이 좋다.

이런 일이 있어도 걱정하지 말라

검은 변이나 푸른 변이 나온다

생후 1~2일 사이에 아기는 태변胎便이라는 검은 변을 몇 번 배설한다.

이것은 아기가 태속에 있을 때 양수羊水나 자기의 피부에서 떨어진 세포 등을 삼켰던 물질을 배설하는 것이다.

앞에서도 말했지만 태변을 배설한다는 것은 아기의 창자가 활동을 개시했다는 의미다. 이는 소화기의 영양개시가 가능하다는 신호이기 때문에 따뜻한 물이나 모유를 먹여도 좋다.

그 뒤 변은 푸른빛으로 이행변移行便이 된다. 정기적으로 젖을 먹으면 노란 유아변乳兒便으로 바뀐다.

유아변으로 바뀐 뒤 다시 변의 색깔이 극명하게 달라진 경우나 노란 유아변으로 이행되지 않은 채 회백색灰白色의 변이 계속될 경우에는 장이나 담도膽道의 병이 의심되므로 빨리 의사에게 진찰받도록 한다.

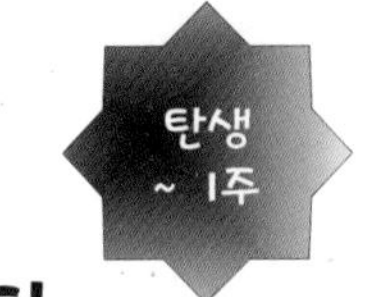

피부가 까실까실해지고 비늘이 떨어진다

생후 3~4일 무렵 피부가 생선의 비늘처럼 까실까실해지고 대나무 속과 같은 비늘이 떨어지는 일도 있다.

난막卵膜에 싸인 채 오랫동안 양수 속에서 지내온 아기의 피부는 약간 노폐되어 있는데 그것이 공기 속에서 건조되어 비늘처럼 떨어져 나오는 현상이다.

이것은 피부병으로 인해서 피부가 벗겨지는 현상과는 아무 관련이 없는 자연현상이므로 걱정하지 않아도 된다.

체중이 감소한다

갓 태어난 아기는 며칠 동안은 모유를 충분히 먹을 수 없다. 그런 한편으로 피부나 허파에서는 호흡을 위해 수분을 소모하고 또 대소변의 배설로 수분이 몸 밖으로 빠지기 때문에 체중이 감소한다.

1주간의 체중추이를 숫자로 보면

(kg)

	남자	여자
출생 시	3.23	3.14
1일	3.11	3.04
2일	3.08	3.00
3일	3.10	3.01
4일	3.12	3.03
5일	3.15	3.07
6일	3.18	3.10
7일	3.20	3.12

★ 50%알치

약간 작게 태어난 아기라면 비록 약간이라도 체중이 줄어들면 어머니는 매우 걱정되고 불안할 것이다. 그러나 이것은 어디까지나 생리적인 체중감소 현상으로, 태반영양에서 소화관영양으로 이행하는 과정에서 아기의 생리구조가 적응하려는 현상이라는 것을 잘 이해하고 지켜보기 바란다.

피부색이 노래진다

갓 태어난 아기는 피부색이 빨개 제법 건강해 보인다.

이 빨간색은 일종의 충혈인데 2~3일이 지나면 그 빨간색은 없어지고 보통의 피부색으로 된다.

그 뒤 대부분의 아기에게 황달黃疸이 생겨 피부색이 노래진다. 대개 생후 3~4일 무렵이다.

이것도 생리적황달이라 부르는 일종의 적응현상임은 앞에서도 말했다. 저 산소 상태인 태내에 있는 동안 생명을 유지하기 위해서 활약하던 적혈구赤血球가 고 산소인 공기 속에서는 필요가 없기 때문에 그 일부가 급속히 파괴되어 일어나는 현상이다. 파괴된 적혈구의 혈색소血色素는 비릴빈으로 되는데 아직 미숙한 아기의 간장이 이것을 충분히 처리하지 못해 황달 증상으로 나타나는 것이다.

피부의 노란색은 1~2주 후면 완전히 없어지는데 모유를 먹이노라면 황달기가 없어지지 않는 경우도 있다.

이것은 모유 속의 호르몬 프레그난디올 Pregnanediol이 간장 세포 속의 효소 작용을 억제하기 때문인데 황달이 대단히 심

그림) 걱정되는 아기의 상태

하게 나타나는 경우 이외에는 모유를 계속 수유해도 된다.

생리적 황달일 경우는 고高 산소인 이 세상에서 살아가기 위해 당연히 일어나는 적응과정이기도 하지만 이런 황달이 나타나는 형태는 아기에 따라 상당한 개인차가 있다. 중증일 경우에는 역시 치료를 할 필요가 있다.

황달
중에서 주의가 필요한 경우

황달이 중증으로 바뀌면 뇌에 장애를 미치게 되어 평생 핸디캡을 안고 살게 되므로 조기치료를 권한다.

산부인과의원이나 조산원에서 분만했을 경우, 이 무렵에는 아직 입원중이기 때문에 황달의 정도는 의사나 담당조산원 등이 충분히 주의를 기울이리라 생각되지만 어머니도 다음과 같은 점에 주의하기 바란다.

황달이 나타난 시기가 언제쯤인가? 만약 생후 24시간 이내에 황달이 나타났다면 혈액형의 부적합이 염려된다.

황달이 얼굴, 가슴, 등뿐 아니라 허리나 장딴지까지 미치지는 않았는지? 허리나 장딴지까지 노래지는 것은 황달이 심각한 중증이라는 증거로 상세한 검사가 필요하다.

황달 이외에 기운이 없다, 울음소리가 약하다, 젖 빠는 힘이 약하다 — 이런 증상은 없는지? 이런 증상은 뇌가 침범당하기 시작한 경우에 나타나기 쉬운 증상이므로 주의를 요한다.

목이나 이마에 빨간 점이 생긴다

생후 얼마 되지 않은 아기의 목 뒤에 빨간 반점이 생기는 수가 있다. 이와 같은 빨간 점이 이마나 눈 위에 생기는 경우도 있다.

이러한 빨간 반점을 '황새머리의 흔적'이라고 로맨틱하게 말하지만 빨간 반점은 눈에 잘 띄기 때문에 어머니는 몹시 걱정하게 된다.

얼굴에 있는 빨간 반점은 화염반火焰班, 목 뒤의 반점은 운나반(운나 씨 모반母班)이라 나누어서 부른다.

대개는 생후 1년이 지나면 자연히 소멸된다.

다리가 O자 모양으로 구부러져 있다

'요즘은 안짱다리나 짧은 다리는 없어졌다는데'하며 갓 태어난 아기의 다리를 물끄러미 바라보며 개탄하는 어머니도 있다고 들었다. 그러나 아기에게도 사정은 있어 태어날 때부터 어머니의 욕심대로 '늘씬하게' 태어날 수는 없다.

워낙 좁은 자궁 속에서 몸을 움츠리고 자라왔으므로 다리가 늘씬하게 쭉 뻗어있지 않다고 그렇게 개탄할 것까지는 없다.

원래 태아기에는 다리 바깥쪽 근육의 발달이 좋으므로 언뜻 보기에 구부러진 것처럼 보일 뿐, 엑스레이 촬영을 해보면 뼈는 반듯하게 뻗어있다.

이제부터 공기 속에서 마음껏 다리를 파드닥거리면 다리의 안쪽에도 근육이 붙게 된다. 그러는 동안에 틀림없이 정상적인 각선미를 갖게 될 것이다.

한 가지 주의할 점은 이 시기의 아기 다리를 바르게 하려는 욕심으로 억지로 주무르거나 잡아당기거나 하는 행위는 절대 금물이다.

또 다리를 쭉 뻗친 채로 기저귀를 채우는 것은 가랑이관절

탈골의 원인이 될 수도 있다. 휜 다리는 성장함에 따라 반듯해지니 너무 염려하지 않아도 된다.

그림) 걱정할 필요 없는 아기의 증상

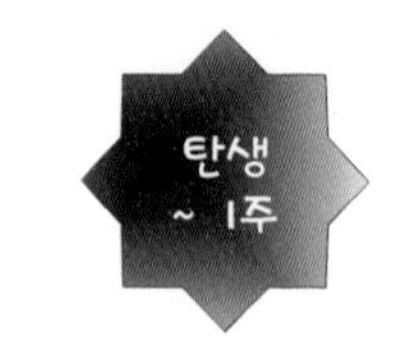

갓 태어난 아기의 머리가 복록수(福祿壽 7복신의 하나로 키가 작고 머리통이 길며 수염이 많음. 복福과 녹綠과 수명壽命의 3덕을 나타낸다고 하며, 중국에서는 남극성의 화신이라 일컬었음)의 모습처럼 길어지거나 얼굴이 찌그러지는 경우가 흔히 있다.

어머니는 '이런 모습이 계속되면 어쩌나'하고 걱정하기 십상인데 아기란 갓 쪄낸 찹쌀떡처럼 물렁물렁하기 때문에 어떠한 모습으로도 바뀔 수 있다.

머리 모양이 찌그러진 것은 대부분 산도産道의 압력 때문에 생기는 것이고, 얼굴이 찌그러진 것은 자궁 안에서의 무리한 자세 때문에 생기는 현상이다.

이러한 현상은 내버려두면 자연히 정상으로 돌아오므로 걱정하지 않아도 된다.

볼기짝의 푸른 반점

대부분의 어머니들은 볼기짝의 푸른 반점에 대해서는 별로 걱정하지 않는 것 같다.

몽고반점蒙古斑點이니 삼신할머니가 빨리 나가라고 때린 자국이니 하는데 대부분의 아기의 볼기짝에는 있다. 반점의 크기나 색깔은 아기에 따라서 다르다.

꽤나 짙고 광범위하게 나타나는 반점이지만 학령기까지는 대부분 없어진다.

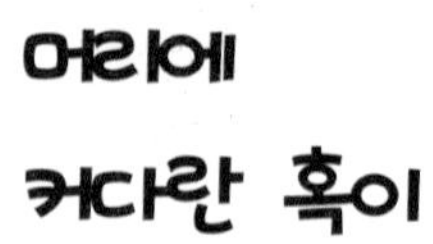

두혈종頭血腫이니 산류産瘤니 하는 커다란 혹이 아기의 머리에 생기는 경우가 있는데 이것도 찌그러진 머리와 마찬가지로 산도를 통과할 때의 압력으로 생긴 것이다.

두혈종일 경우에는 피하皮下에 내출혈이 있으므로 만지면 말랑말랑한 감촉이 느껴지는데 이들은 모두 내버려두면 자연히 흡수되어 낫는다.

성장과 발달의 모습

체중과 신장의 표기법

체중과 신장은 일반적으로 '퍼센타일 percentile 치値'라는 표기법을 사용한다. 모자건강수첩에도 '퍼센타일 치'가 기재되어 있으니 참고하기 바란다.

'퍼센타일 치(백분위법)'란 집단분포 가운데의 위치를 나타낸 것으로 10%에서 90%까지의 폭이 있다.

평균치는 50%의 위치인데 옛날의 표준치와 다르지 않기 때문에 꼭 평균치가 아니라도 그다지 걱정할 필요는 없다.

10%가 하한下限, 50%가 평균, 90%가 상한上限이다. 이 퍼센티지의 폭 안에 들기만 하면 문제가 없으며 크다 작다 하는 것은 개인차다.

발육상 약간의 문제가 있는 것은 3%이하와 97%이상일 경우로, 이 경우는 정밀검사가 필요하다.

퍼센타일 치란

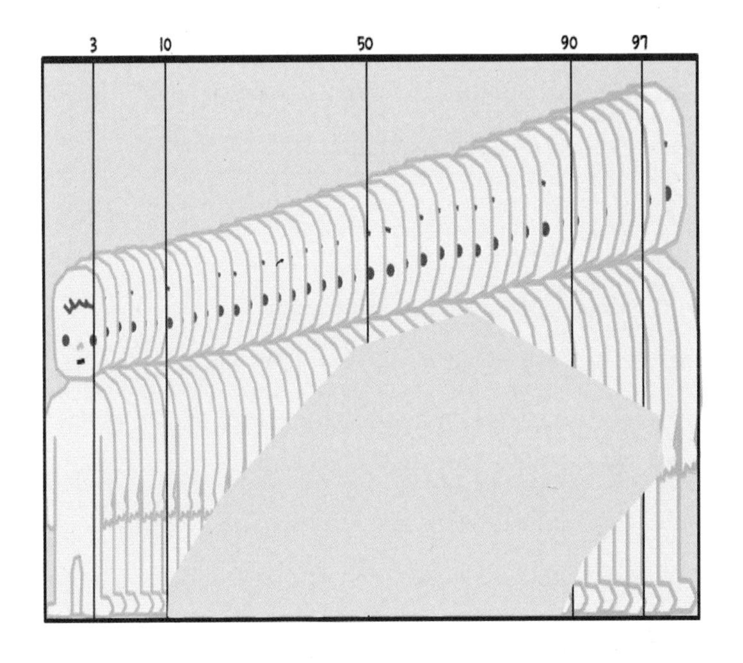

그림) 아기 신장의 분포도를 나타내는 퍼센타일 치

성장에는 마디가 있다

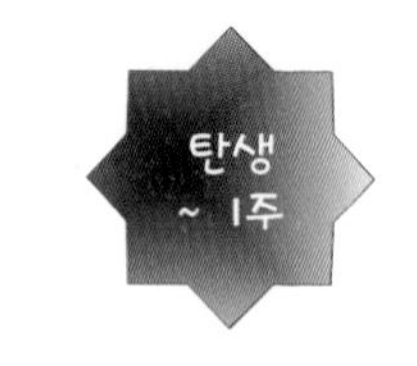

아기의 성장양상은 일정한 경사도의 비탈길을 같은 페이스로 죽죽 올라가는 것이 아니다. 얼핏 보아 단순해 보이는 비탈길에는 몇몇 기복이나 곡절이 있다.

이를테면 태아에서 신생아로 변신할 때에는 커다란 크레바스(단층)를 넘지 않으면 안 된다. 생후 2~3개월쯤 지나면 식물적인 생물에서 동물적인 생물로 탈바꿈한다.

최초의 탄생일을 맞이하는 1년 전후에는 일어서고 걷고 말을 중얼거리는 등 인간의 특징이 있는 행동을 할 수 있게 된다.

이와 같이 같은 성장의 비탈길이라도 위험한 고비나 한 바탕 쉴 수 있는 장소나 알맞게 포인트를 벌 수 있는 등성이 등 여러 변화가 있다.

아기의 성장방식 하나하나에는 사람에 따라서 개인차가 있는데 일반적인 성장의 자국이나 마디는 대개 같으니 이를 염두에 두고 아기가 성장하는 모습을 지켜보기 바란다.

유아기乳兒期와 유아기幼兒期에서 달라지는 체중의 증가 양상

여러분들의 이해를 돕기 위해 어머니들이 매우 신경 쓰는 체중과 신장의 증가방식의 변화를 생각해보자. 이 두 증가방식을 비교해보면 성장의 자국, 마디 등을 잘 이해할 수 있다.

유아기乳兒期, 다시 말해서 생후 1년까지는 아기의 체중이 신장의 3제곱으로 비례하는 '눈사람 식'으로 증가한다.

출생시에는 50cm전후이던 신장이 1년 뒤에는 약 75cm로 자라니까 신장은 1.5배로 자라는데 비해 체중은 약 3배가 는다.

눈사람을 만들 때, 눈덩이를 굴리면 처음에는 가볍게 굴려지던 것이 일정 크기에 이르면 갑자기 묵직해져서 두, 셋이 함께 밀지 않으면 움직이지 않는다.

이것은 눈덩이의 직경이 두 배가 되면 무게는 둘의 세제곱으로 8배가 되기 때문인데, 유아기乳兒期의 체중증가방식은 신장(키)의 세제곱의 비율, 다시 말해서 눈사람과 같은 방식으로 증가하는 것이다. 아기가 탐스럽게 통통해지는 것은 이 '눈사람 식' 체중증가 때문이다.

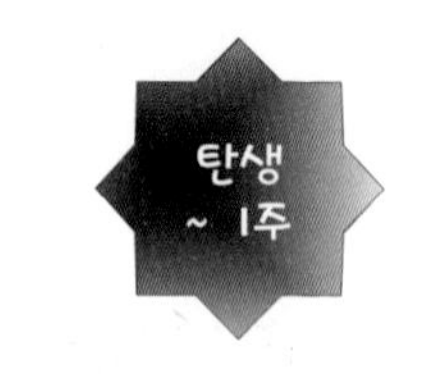

눈사람 식 체중증가는 유아기乳兒期에서 끝나고 유아기幼兒期에 접어들면 그 증가방식이 '죽순 형竹筍型'으로 바뀐다.

죽순 형이란 신장이 2배가 되면 체중도 2배가 되는 것으로 신장에 비례해서 체중이 증가하는 방식을 말한다.

죽순은 뿌리와 머리 쪽 줄기가 약간 다른데 그 성장방식은 키가 2배로 커지면 무게도 2배가 된다.

유아기幼兒期에 접어든 아기에 대해서 어머니가 가장 염려하는 것은 아기가 마르는 것이다. 하지만 이것은 정말로 마르는 것이 아니라 성장방식이 눈사람 식에서 죽순 형으로 달라졌기 때문이다. 단지 성장방식의 '차이'에 지나지 않는다.

이제는 2의 세제곱으로 증가되던 체중이 유아기幼兒期에 들어서면서 죽순형의 증가방식으로 바뀌어 불안하게 생각되는 원인이 된다.

체중과 신장의 증가방식이 갓난아기 때는 눈사람 식, 유아기幼兒期에 들어서면 죽순 형으로 바뀌는 패턴을 잘 알아 두면 건강하게 자라는 아기의 살 빠짐은 필요 이상으로 염려하지 않아도 된다. 그러면 어머니의 고민은 훨씬 줄어들 것이다.

이와 같이 체중과 신장의 증가만 보아도 그 성장방식은 결코 단순한 비탈길이 아니라는 것을 이해할 수 있으리라 믿는다. 이와 같은 일은 성장이나 발달에 대해서도 똑같이 말할 수 있다.

그림) 눈사람 식 성장에서 죽순 형 성장으로

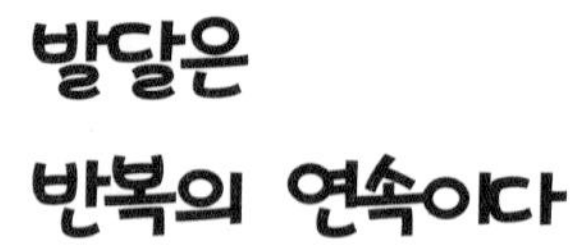

아기의 성장에 대해서 알아두면 좋은 또 하나는, 발달은 그 도상에서 같은 일을 수차례나 반복한다는 것이다.

이것은 '인생의 회선곡'으로 앞에서도 언급했지만(p39~40 참조) 오감五感의 발달이나 운동기능의 발달에 있어서 같은 일이 수차례 반복되어 완성되어 나간다.

걸음마를 생각해보면 생후 얼마 지나지 않아 나타나는 원시보행原始步行이 있고, 그것이 이윽고 돌을 전후해서 수의운동隨意運動으로서의 보행이 시작된다.

엎드려 기는 동작도 신생아기에는 손발을 거북이처럼 움직이는 크로올링 무브먼트 Crawlling Movement라는 운동에 이어 7, 8개월경에는 수의운동으로서 엎드려 길 수 있게 된다.

이것은 젖을 먹을 때나 옹알이를 할 때에도 마찬가지다. 반사적인 행동과 수의적인 행동이 성장과정에서 반복되어 일어난다. 여기에서 주의하지 않으면 안 될 것은 보기에는 같은 행동처럼 보여도 원래의 메커니즘은 다르다는 것이다.

느끼는 것과 인식하는 것은 다르다

오감의 발달 가운데서 시각을 들어 이러한 과정을 설명하자면 어머니가 갓난아기 앞에서 혀를 내밀면 아기도 혀를 내밀어보이기 때문에 틀림없이 아기가 눈으로 보는 것이겠지, 또는 모방의 능력도 지니고 있겠지 하고 생각하는 사람이 있다.

그러나 갓난아기는 시각 면에서 빛은 느끼지만 인식하지는 못한다. 갓난아기의 눈의 반사 구反射球 안에는 대뇌피질大腦皮質의 시각 령視覺領은 포함되어 있지 않다. 생후 50일(발달이 빠른 아기의 경우)에서 100일 정도면 깜빡거리는 반사현상이 나타나는데 이것으로서 시각 령에 대뇌피질의 시각중추視覺中樞가 포함되었음이 비로소 확인되는 것이다.

이상으로 알 수 있듯이 대뇌피질의 시각 령이 관여하지 않는 신생아기에는 사물의 분별은 할 수 있어도 시각적인 인식은 할 수 없으며 이 시기의 모방은 반사행동으로서의 원시모방이어서 '흉내를 내는' 것과는 성질이 다르다. 얼핏 같아 보여도 그 내용이 전혀 다르므로 그 점을 오해하면 안 된다.

트레이닝의 중요성

이제까지 설명한 성장, 발달의 생리나 그 메커니즘을 충분히 이해한 후 다시 아기의 성장, 발달을 촉진하는 방법을 설명하기로 하자.

그림) 음식을 먹이는 엄마와 유아용식탁에 앉아 받아먹는 아기

그것은 트레이닝이다.

트레이닝이라 하면 조기교육이나 스파르트타 식 교육을 연상하기 쉬운데 내가 말하고자 하는 트레이닝이란 성장, 발달을 촉진시키는 적당한 정도의 자극으로써의 작용이다.

시각 이야기가 나온 김에 여기에서도 시력을 예로 들어 말해보겠다. 신생아기부터 아기의 한쪽 눈에 눈가리개(편안대偏眼帶)를 장기간 씌워두면 아기는 자극 결핍성 약시弱視가 되어버린다.

다시 말해서 시각기능의 정상적인 발달을 위해서는 갓난아기 때부터 적절한 자극이 필요한데 그 자극을 주지 않으면 선천적으로는 정상 눈을 가지고 태어나도 장래 약시가 되는 경우가 있다.

또 미각味覺도 '맛의 트레이닝'을 쌓아나감으로써 비로소 혀가 민감한 사람이 될 수 있다고 할 수 있다. 왜냐하면 맛을 감지하는 '미뢰(味蕾 혀에 분포되어 있는 미각세포)'는 갓난아기 때 가장 민감하고 나이가 들수록 감소하는데 '맛을 안다', '미각이 예민하다'는 것은 맛의 트레이닝을 쌓은 어른이 되어서이므로 혀의 미뢰 수의 감소와는 관계가 없는 것 같다. 적당한 트레이닝은 오감을 더 잘 발달하게 해준다.

그림) 5인 가족의 얼굴

어버이와 아기가 어울리는 방법

— 마음이 풍요롭게 기르기 위하여 —

갓 태어나서부터
어머니와 아기의 랑데부

요즘 입에 오르내리는 '어머니와 아기의 유대'라는 말을 생각해보면 갓 태어나서부터 1주일간은 매우 중요한 기간이다. 이 기간에 어머니가 아기와 친밀한 유대를 갖는 것이 좋다는 말이다. 이 문제의 발단이 된 것은 미국의 한 소아과의사가 보고한 '애정차단증후군愛情遮斷症候群'이다.

미숙아실未熟兒室에서 자란 아기에게 이 병이 많다는 점에서 출발하여 갓 태어났을 때의 모자간 접촉이 대단히 중요하다는 결론에 도달한 것이다.

미숙아를 출산하면 한 달이고 두 달이고 모자는 격리된 상태로 생활하게 된다. 그러므로 어느 날 갑자기 '당신의 아기입니다.'하고 아기를 인도받아도 그 시점에서 어머니의 마음이 아기와 결부되지 못했다는 것이다.

이러한 예는 미국의 통계에서는 꽤나 많다.

또 동물실험의 결과 주로 태어난 직후가 모자간의 결속에는 대단히 중요한 시간이라고 한다.

이상의 두 예로 미루어보면, 구체적으로 어떻게 해야 좋은가

하는 문제가 제기되는데 먼저 모자간의 랑데부를 권한다.

갓 태어난 아기를 바로 신생아실로 데려가지 말고 잠깐만이라도 모자를 랑데부하게 해주는 것이다.

어머니의 곁에 한동안 아기를 놓아두면 어머니는 아기의 얼굴을 자세히 들여다보거나 살짝 만져봄으로써 정서적인 결속이 아주 자연스러운 형태로 조성되는 시기이므로 이 시기를 놓치지 말고 모자간의 마음의 유대를 결부시켜주는 것이 좋다.

모자가 한 방을 사용하는 제도를 도입한 시설에서는 입원 중 1주일 동안 마음껏 랑데부할 수 있다. 같은 방을 사용하지 않아도 젖을 먹일 때나 목욕시킬 때 등의 기회를 포착해서 어머니가 되도록 적극적으로 아기와 접촉하면 충분할 것이다.

출산 후 신생아실에 아기를 맡겼으니 이제 안심이다 하고 방심할 것이 아니라 입원 중에 모자를 결속시키는 '유대'를 조성하는 노력을 아끼지 말아야 한다.

입원 중에는 아기를 돌보는 일도, 식사 준비도 하지 않고 느긋하게 산후조리를 할 수 있는 시기이므로 마음의 여유를 가질 수 있는 좋은 기회다.

아버지의 역할

먼 북쪽 나라의 이야기인데 스웨덴에서는 어머니 대신 아버지가 육아휴가를 받을 수 있다는 이야기를 들었다. 그렇게 되면 젖 먹이기나 기저귀 갈기도 당연히 아버지의 몫이다. 그것도 특별히 나쁜 일이라고는 생각하지 않는다. 적어도 아기를 돌보는 일은 전적으로 어머니의 몫이라는 편견을 가질 이유는 없다.

그러나 아버지에게는 아버지로서 아버지가 아니면 할 수 없는 일이 있다는 생각을 떨쳐버릴 수는 없다.

자연계의 여러 종류의 동물을 보아도 가족이 적의 기습을 받았을 때 거기에 과감하게 맞서는 것은 아버지의 역할이다. 따라서 우리 가정에서도 가족에게 밀어닥치는 불씨를 제거하는 것 역시 아버지의 역할 아니겠는가.

중학교 1학년 때 아버지와 사별한 나는 아버지에 대해 많은 것을 기억하지는 못하지만 병든 몸을 채찍질하며 필사적으로 일하시던 모습에는 어린 나이에도 존경심이 일었다. 아버지를 잃었을 당시 우리 가족의 의지할 곳 없는 막막함과 외로움은

잊을 수 없다.

사람이란 저마다 특성이 있어서 몹시 꾸짖는 아버지가 있는가하면 말 수가 적고 조용한 아버지도 있다. 어느 쪽이 좋은지는 간단히 판단할 수 없다. 양쪽 다 좋은 아버지이리라. 그보다 중요한 것은 가족과 사회를 위해서 열심히 일하는, 그런 모습으로 자식을 인도해나가는 일이라고 생각한다. 정직하게 괴로움과 억울함을 견디며 열심이 일하는 마음을 비록 남들은 알아주지 않아도 자식들은 언젠가는 이해해줄 날이 오리라 믿는다.

그리고 아내에게는 어떠한 난관에도 흔들리지 않는 굳건한 지주가 되어주는 것이 산모의 마음을 안정시키고, 그것이 좋은 아이를 길러내는 원동력으로 이어지리라.

할아버지와 할머니

오랜만에 찾아온 손자손녀들의 울고 웃고 뛰어 노는 모습을 보노라면 타임머신을 타고 단숨에 30수년 전의 옛날로 돌아가 딸의 어린 시절 함께 놀아주던 그런 기분이 든다.

긴 세월 동안 일어났던 여러 가지 사건들은 기쁨이나 슬픔까지도 깡그리 사라져버리고 거기에 남은 사람은 어린 시절의 아이들과 내일의 먹거리를 걱정하거나 자식들의 앞날의 행복을 꿈꾸는 기대할 바 없는 젊은 부부의 모습으로 되살아난다.

나뿐 아니라 대부분의 할아버지 할머니는 손자손녀들의 모습에서 자식들의 어린 시절 가난에 쪼들리던 모습을 보는 것 같아서 손자들을 사랑하는 근본도 여기에서 유래되지 싶다.

그것은 특별히 비난 받을 이유도 없지만 손자들과 마주하는 할아버지 할머니는 이 점에 대해서 감정을 자제하여 제동을 거는 것도 잊어서는 안 된다.

손자들의 입장에서 보면 할아버지 할머니는 역시 할아버지 할머니일 뿐 그들의 엄마 아빠가 될 수는 없기 때문이다.

눈에 거슬리는 점이 걱정되어 딸을 꾸짖거나 훈계하면 아직

혀도 제대로 돌아가지 않는 손녀가 '엄마 귀찮게 하지 마.' 하고 소리치며 덤벼드는 모습을 보고 '아차! 실수했구나.'하고 반성한 적도 있다.

손자들에게 정말로 소중한 존재는 그들의 엄마 아빠이지 할아버지 할머니가 아니다. 그것은 당연한 도리고 그렇지 않아서는 안 된다.

그럼 대체 할아버지 할머니의 역할이란 무엇일까?

연극에 비유하자면 조연이다. 객석에 있는 관객이나 평론가가 되어서 좋을 리도 없겠지만 아무리 경험이 풍부할지라도 주연을 맡으려한다면 큰 착각이다.

어린이를 기르는 주역은 역시 엄마 아빠이어야 하며 할아버지 할머니는 육아에서 좋은 조언은 할지언정 명령이나 지시는 삼가야 한다.

필자가 철이 들 무렵에는 할아버지 할머니께서 모두 타계하셨기 때문에 손자의 입장에서 본 할아버지 할머니의 이상상은 논할 자격이 없다. 그러나 어린아이의 마음으로는 긴급한 상황이 벌어졌을 때 질풍처럼 나타나 악당을 처치해주는 정의의 투사 같은 역할을 할머니 할아버지에게 기대하는 것 아닐까?

지금까지 할아버지 할머니의 역할을 당사자의 입장과 손자들의 입장에서 생각해보았다. 그렇다면 아기를 기르는 젊은 부부는 할아버지 할머니와 어떻게 지내는 것이 좋을까?

벌써 여러 해 전의 일인데 따로 사는 큰딸이 그 무렵 두 살 된 손녀를 데리고 불쑥 친정엘 다니러 왔다. 깜짝 놀라 상경한 이유를 물어보니 치과치료를 받기 위해서라고 했다. 설마 그곳에 치과가 없는 것도 아닐 테고 딸의 말을 이해하기가 어려웠다. 그러나 순간 생각해보니 철없는 어린 것을 데리고 치과에 통원하기는 매우 힘들 것이고 이것저것 생각하기보다는 친정을 찾는 것이 현명한 대책이겠구나 납득이 되었다.

핵가족화가 보편화된 오늘날 아이를 기르는 데 가장 곤란한 일은 어머니의 대역을 해줄 사람이 없다는 것이다. 나도 언젠가 아내가 병석에 누워 대단히 곤란을 겪은 적이 있다.

그런 때야말로 할아버지 할머니의 구급활동이 절실한 때이다. '아쉬운 일이 있기나 해야...' 하고 입으로는 불평을 늘어놓을지언정 마음속으로는 틀림없이 흐뭇하게 생각할 것이다.

또 특별한 일이 없을 때에도 좋은 의미에서 할머니 할아버지를 잘 활용하는 것도 현명한 방법일 것이다. 나이가 들면 체력이나 감성은 다소 떨어지겠지만 판단력이나 깨달음은 오히려 더 세련되어 있을 것이기 때문이다.

그림) 강보에 싸여 잠자는 아기

만 한 살까지는 인간의 한 생애에서
가장 눈부시게 성장하고 변모하는 시기이다.
아기는 하루하루 탐스럽게 성장하고
아버지 어머니는 매일이 새로운 발견의 연속이다.

퇴원 ~ 1개월

태아에서 아기로 태어나 1주일 동안은 전혀 다른 환경에
적응하는 아주 힘겨운 시간이다.
체중이 준다든가 황달이 생긴다든가 하는 어려움도
아랑곳하지 않고 생후 1주일을 견뎌낸 아기는 이제 가족이
기다리는 집에서 본격적인 생활을 시작한다.
출산한 병원이나 조산원에서 가정으로 돌아오면 다시 약간의
환경변화를 겪게 되기 때문에 아기가 쾌적한 생활을 할 수
있도록 충분한 배려를 해주어야 한다.
신생아기는 어머니도 아직 육아에 익숙하지 못하기 때문에
자칫 사소한 트러블이 생기기 쉬운데 작은 실수는 너무
걱정하지 않는 편이 '모자'를 위해 좋다.
왜냐하면 에베레스트 산 정상에서 급강하를 할 만큼의
격변을 견뎌낸 아기는 보육 상의 사소한 실수 정도에는
지치지 않기 때문이다.

다달이 성장하는 아기를 좇아서

마음과 감각
── 마음의 싹을 소중하게

신생아기의 아기는 앞에서도 언급한 것처럼 굳이 표현하자면 식물인간과 같다.

눈이나 귀, 코 등 여러 기관이 작동하기 시작은 했지만 아직 그 역할을 충분히 해내지는 못한다.

그리고 오감이 발달하지 못했으므로 당연히 감정도 아직은 싹트지 못한 상태이다.

이러한 의미에서 신생아기의 아기가 식물과 같은 생물이라 말할 수 있는데 여기에서 강조하고 싶은 것은 아기는 '물체物體'가 아니라는 것이다.

아직 개발되지는 않았지만 장래에 꽃피울 '사랑하는 마음'이나 '황홀하다고 느끼는 감각'의 싹은 틀림없이 내재되어 있다.

그 싹에 물과 거름을 주어 소중하게 길러내는 것이 아버지와 어머니, 그리고 아기를 둘러싼 모든 가족의 역할이다.

퇴원 ~ 1개월

눈은 영암을 분간할 정도

생후 얼마 되지 않은 아기는 아직 아무것도 보이지 않는다고 생각하는 사람이 많은데 빛을 느끼는 정도만큼 무엇인가가 보인다.

형태나 빛깔은 판별하지 못하지만 밝은 빛에 대해서는 반응을 나타내 밝은 쪽으로 얼굴을 돌리거나 눈동자를 움직이거나 한다.

오랫동안 암흑의 세계(자궁 속)에 있었으므로 색색깔의 이 세상에 나왔다고 해서 갑자기 눈이 보이지는 않는다.

하지만 간신히 빛이 있는 세상에 나오게 된 것이다.

형태나 빛이 분명하게 보일 때까지는 상냥하게 목소리를 들려주고 포근히 안아주어 잘 보이지 않는 감각을 보완해주기 바란다.

귀는 생후 사흘이면 들린다

출생 직후에는 귀 속에 젤리모양의 물체가 들어있어 소리를 듣지 못하지만 이 물체가 차츰 흡수되어 3~4일이 지나면 외계의 소리를 들을 수 있게 된다.

신생아기에는 갑작스러운 소리에 깜짝 놀라는 반응을 보이거나(모로 반사) 눈을 꼭 감거나 잘 때 커다란 소리가 나면 눈을 뜨거나 하는 반응을 보인다.

그런데 태아는 자궁 안에서 어머니의 혈류 음血流音으로 부부간의 싸움까지도 듣고 있다(?)는 연구보고가 있다.

J의과대학의 산부인과 교수인 M박사는 신생아에게 어머니 자궁 안의 혈류 음을 들려주었더니 울던 아이가 울음을 그치고 잠에 빠져드는 점으로 미루어보아 태아는 자궁 안에서 혈류 음을 자장가로 삼고 있었다.... 다시 말해서 기관器官으로서의 귀는 들리지 않아도 소리를 느끼는 능력은 지니고 있다는 결론에 도달한 것이다. 그뿐 아니라 어머니가 말하는 억양(intonation)도 감지한다고 한다.

이 연구보고에 따르면 출생 직후부터 자장가를 불러주는 것도 무의미한 일은 아니다.

그림) 태내에서 듣고 있는 아기

미각은 출생 직후가 가장 예민하다?

혀에는 미뢰(味蕾=미관구味官球)가 있다.

인간의 혀에는 수많은 미뢰가 있어 여기에서 맛을 느낀다.

그런데 이 미뢰는 쓰면 쓸수록, 즉 나이가 들수록 기능이 감퇴된다고 한다. 그러므로 아기일 때 감도가 가장 좋다는 것이다.

그러나 이것은 기능적인 일일 뿐 미각도 트레이닝 여하에 따라 '감각이 뛰어난 사람'이 될 수 있다고 하니 그런 점에서 아기는 아직 경험이 부족하다.

신생아기는 달고 맵고 짠 맛을 구별할 수는 있지만 아직 미묘한 맛의 변화(싱겁거나 짜다, 달거나 달지 않다)까지는 분별하지 못하는 것 같다.

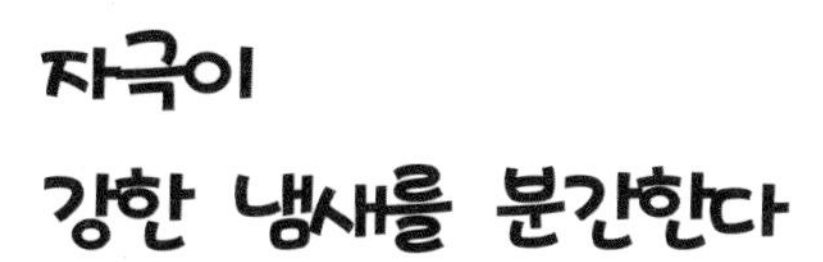

취각臭覺은 태어날 때부터 꽤 발달되어 있다.

생후 2~3개월이 지난 아기에게 암모니아 냄새를 맡게 하면 얼굴을 잔뜩 찌푸리며 아주 싫은 표정을 지어 보인다.

이 얼굴 표정도 일종의 반사이기는 하지만 자극적인 냄새를 분간하는 증거라고 할 수 있다.

본능을 망가뜨리지 않는 것이 마음을 기르는 일

본능적으로 젖을 더듬고 빨고 반사적으로 몸을 움직이고 신체의 생리에 충실하여 잠을 자거나 배설하는 신생아에게는 아직 감정도 마음도 자기의 의사로 '창조된 부분'은 없다.

본능이 시키는 대로 자연스럽게 살고 있는 아기를 온전히 그대로 받아들여서 길러낼 수만 있다면 그것이 이 시기 최고의 육아다.

본능이 충분히 충족되었을 때 아기의 체내에 예쁜 '하트 heart'의 떡잎이 싹을 틔우는 것이다.

몸(신체)
—— 체중이 조금씩 늘어난다

생후 1주일 동안 생리적으로 감소된 체중도 퇴원하기까지는 대개 출생 당시의 체중으로 회복된다. 좀 더 정중하게 말하면 상실된 수분 대신 영양분을 흡수해서 체중이 분명하게 증가한 것이다. 발육이 눈부신 아기는 하루에 40~50g이나 증가하는데 이러한 증가방식은 유아기乳兒期, 특히 생후 1~2개월경까지의 특징이다.

유아기乳兒期의 체중은 눈사람 식으로 증가하는 셈인데 특히 신생아기부터 2개월까지의 체중증가는 매우 왕성해서 어른들의 감각으로는 헤아릴 수 없을 정도이다.

체중의 증가방식은 매일 규칙적인 것이 아니고 15g, 20g이 증가하는 날이 있는가하면 45g, 50g이나 증가하는 날도 있다.

체중의 증가방식을 매일 정성스럽게 체크하지 않으면 안 될 만큼 육아가 까다로운 것은 아니지만, 계측하면 그날그날의 증가방식을 보아서 컨디션이 좋다던다 약간 저조하다던가 하는 판단의 잣대는 되어줄 것이다.

손과
발을 잘 움직이게 된다

차츰 손과 발을 활발하게 움직일 수 있게 된다. 아직 목적이 있어서 움직이는 것은 아니므로 반사적으로 움직이는 것처럼 보인다. 그렇다고는 하지만 뒤에 설명하게 될 반사운동과는 또 다르다.

약간 우스꽝스러운 모양으로 손이나 발을 오그렸다 폈다 한다. 또 움직이는 방법이 매우 어색한 동작의 영상처럼 움직인다.

목적도 없으면서 손이나 발을 활발하게 움직이는 아기는 건강상태도 좋고 발육이 왕성하다고 보아도 된다.

이 시점에서 손이나 발을 모두 움직이는지 어떤지 관찰해보기 바란다.

어딘가 움직이지 않는 곳이 있으면 출산시의 압박으로 신경이 마비되지나 않았는지 분만한 병원의 의사나 인근의 소아과 의사에게 검진받기 바란다. 또 4주차 검진 시에 의사에게 말하기 바란다.

신생아기의 특징적인 반사운동

신생아기의 아기는 자신의 의사에 따라서 행동을 하는 것도 아니고 감정다운 것도 없다는 의미에서 식물인간과 같은 생물이라 말하는데, 동물이라는 증거는 이 시기에 나타나는 여러 가지 반사운동이다.

이를테면 입술에 손가락을 대면 입을 벌려서 입술에 닿은 물체를 탐색하려는 탐구반사, 입 속으로 들어간 젖꼭지를 빨아 젖을 빠는 젖빨이 반사, 입 안에 가득해진 젖을 삼키는 연하반사嚥下反射 등은 신생아가 동물로 살아가기 위한 행동으로 '반사'이다.

그와는 달리 신생아기에만 나타나는 반사운동의 대표로서 모로 반사가 있다.

커다란 소리 등에 반응해서 두 손을 크게 벌리고 무엇인가를 잡으려는 듯 움찔움찔하고 동시에 발도 쭉 뻗어 약간 위로 들어 올리는 시늉을 한다.

'깜짝 놀랐다'는 상태를 어른이 몸짓으로 나타내 보이는 모양과 흡사하다.

이밖에 파악반사把握反射라 해서 손바닥에 가느다란 물건이나 어른의 손가락을 대주면 그것을 꼭 쥐든가 쥐려는 동작을 한다. 또 양쪽 겨드랑이 밑을 받쳐 세우고 몸을 약간 앞쪽으로 기울여주면 발을 교대로 들어 올려 걷는 시늉을 해 보인다. 이것은 원시보행原始步行이라는 반사운동이다.

이러한 반사운동을 해 보이는 것은 건강하다는 증거로 이 시기에 반사가 없다면 뇌장애 등의 이상이 있는지 의심해보아야 한다.

마지막으로 탐구반사에 대해 주의를 덧붙여둔다.

젖을 먹이려고 아기 머리의 옆에 젖꼭지를 가져가면 아기는 반대방향으로 고개를 돌리는 경우가 있다.

신생아기에는 자신의 의사 대로 행동할 수는 없으므로 반드시 젖꼭지가 있는 방향으로 반사운동을 일으키는 것은 아니다.

그런 때에는 어머니가 조급한 마음에 젖꼭지를 밀어 넣으면 더욱 더 반대방향으로 고개를 돌릴 수도 있으므로 안는 방법을 바꾸든가 그 반사가 일단 멈추기를 기다려보자. 아기는 젖이 먹고 싶지 않아서 고개를 돌린 것이 아니다.

반사운동을 알고 육아에 응용

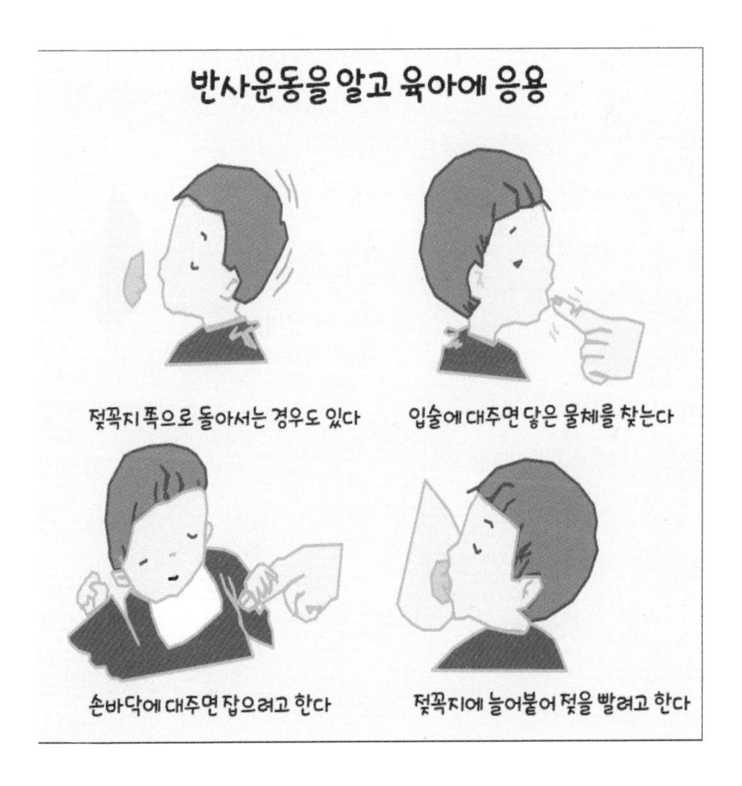

그림) 반사운동을 하는 아기

환경의 조성
—— 안정과 보온을 첫째로

어려서 아직 자기의 의사를 갖지 못한 아기에게 조금이라도 더 쾌적한 환경을 만들어주려는 온가족의 세심한 배려로 '아기의 방'을 만드는 데 정성을 다했으리라 생각한다.

신생아기의 아기 생활에는 안정과 보온과 감염예방의 세 가지가 기본조건이므로 아기의 방을 만드는 데 이 세 가지가 충족되면 합격이다.

커튼 색이나 벽지의 색, 그 밖의 인테리어에 대해서는 나중에 생각해보기로 하자. 우선은 기본조건을 갖추기만 해도 충분하니 어머니가 처음부터 너무 맹렬하게 육아를 하면 지치기도 쉬우므로 처음에는 필요한 것들을 최소한만 충족시키는 육아부터 시작하자.

아기의 방은 먼저 '안정 유지, 충분한 보온'에만 주의를 기울이자.

아기의 입장에서 내빈은 불청객

감염예방에 관해서는 '위험한 것은 멀리하라'라는 한 마디를 따를 것이 없다.

태반을 통해서 모체가 가진 면역을 받았다고는 하지만 무구한 세계에서 갓 나온 때 묻지 않은, 역으로 말하면 때 묻기 쉬운 아기이므로 감기에 걸린 사람, 고양이, 애완동물, 새 등의 동물은 물론이고 감염원이 될 원인은 피하는 것이 상책이다.

내빈은 신생아의 입장에서 볼 때 '감염원' 말고도 수면을 방해한다는 의미에서도 '성가신 존재'일 뿐이다.

햇빛과 바람을 간접적으로

아기는 땀선(한선汗腺)이 아직 발달하지 못해서 외부의 기온에 맞추어 체온을 조절할 수 없다.

보온이 중요하다고는 하지만 방 안의 온도가 지나치게 높거나 옷을 두껍게 입히면 체온이 올라간다. 반대로 실온이 지나치게 낮으면 아기의 체온도 내려간다.

신생아기는 모든 것이 '미연형未然型'의 시기이므로 어른이라면 쉽게 할 수 있는 적응을 하지 못해 생각지도 못했던 사고로 발전하기도 한다.

방 안의 온도는 20~22℃ 전후로 일정하게 유지하도록 하는 것이 바람직한데 난방, 냉방 그 어느 쪽도 가끔 환기를 해주어 자연 바람을 방 안으로 들이기를 잊지 말자. 그렇지만 겨울철 차가운 바람이 아기의 보드라운 피부를 직격하는 일만은 피하자.

또 햇빛은 아기에게 빼놓을 수 없는 조건 중의 하나지만 직사광선은 아직 이르다. 아기의 방에 햇빛이 닿는 유리창이나 커튼을 통해서 따뜻한 온기를 받는 것만으로 충분하다.

그림) 커튼 아래서 자는 아기

침대를 놓아두는 장소는

어머니들은 대부분 아기침대를 준비할 것이다.

침대는 열기의 대류對流에 의한 온도의 트러블이나 방바닥에서 올라오는 습기를 염려할 필요가 없다. 겨울철에 난방을 하면 방의 위쪽으로 따뜻한 공기가 올라가 아래쪽은 비교적 차가운 공기가 고이고 냉방을 할 때는 이와 반대의 현상이 일어난다. 여담이지만 추위를 잘 타는 고양이는 겨울철에 장롱 위나 TV 위 등에서 몸을 움츠린다. 난방된 방에서 어디가 가장 따뜻한지 잘 알고 있기 때문이다.

방바닥 위 60~70cm 정도 높이의 침대라면 습열 장애의 염려가 적다. 또 먼지도 적게 일고 진동도 덜 전달되어 위생적이고 장점이 많다.

도로변의 창문 가까이나 TV를 놓아둔 옆방의 벽과 인접하거나 전화기 곁에는 침대를 놓지 말아야 한다.

위에서 무엇인가 떨어질 염려가 있는 장소도 당연히 피해야 한다.

괴로운 침대의 위치

그림) 침대의 아기와 주변의 위험한 것들

햇빛이 닿는 창가에 침대를 놓으면 기분이 좋을 거라고 생각하는 사람도 많겠지만 창가는 바람도 강하고 밖으로 떨어지는 낙상사고도 염려되므로 창 맞은편(북향이나 서향은 좋지 않다)이나 유리창의 상태, 문이나 난간의 종류 등도 고려해서 설치하기 바란다.

신생아기新生兒期는 창가보다 창문에서 약간 떨어진 채광이 좋은 곳이 최고다.

1개월 ~ 2개월

몸에 살이 약간 붙기 시작해서 신생아기의 뭉개질 것 같던 가냘픔이 없어지고 아기다운 모습이 나타난다.
이 시기도 하루의 대부분을 잠으로 보내는데 낮과 밤의 주기週期가 생겨 밤에 집중해서 자게 된다.
육아란 어떤 것인지 약간은 파악했을 것이다.
산후 체력도 회복되어 이제부터는 육아가 즐거워진다.
아기에게는 아직 의사나 마음은 없어 신생아기와 마찬가지로 본능적인 반사운동으로 생활한다.
그러나 몸의 내부에서는 하루하루 내장과 신경기능이 발달하여 반사운동 가운데서도 조금씩 인간답게 변하는 게 보인다.

만족할 만큼 젖을 먹고 잠이 든 뒤 나타나는 '배냇짓'은 마치 감정이 있는 미소와도 같아서 자기도 모르게 끌어안고 싶은 충동을 느끼게 될 것이다.
어머니라면 그러한 감정을 소중히 간직하고 육아에 임하기 바란다.
4주차 건강진단에서는 선천적인 이상의 유무를 비롯하여 발육이 순조로운지 체크한다.
전문가에게 정확한 검진을 받아두면 안심할 수 있다.

★ 마음 ★

몇 초
동안 따라가며 볼 수 있다

명암明暗밖에 감지하지 못하던 눈에 시력이 나타나기 시작한다. 하지만 그 시력은 아직 0.01이 될까말까한 정도이므로 빛이나 밝은 색의 커다란 물체를 판별하는 정도이다. 어머니의 얼굴이나 물체의 윤곽은 보여도 식별하지는 못한다.

눈앞에서 멀어져가는 어머니의 모습을 겨우 몇 초 동안 따라가며 볼 수는 있는데 오랫동안 바라보지는 못한다.

'본다'는 감각은 아직 계발되지 않았으므로 상냥하게 불러주거나 어머니의 따스한 가슴이나 팔의 체온으로 보호해주기 바란다.

소리에 대해 인간다운 반응을 나타내

시각視覺에 비해 청각聽覺은 이 시기에도 꽤나 발달이 좋아 소리에 대한 몇 가지의 반응을 보인다.

신생아기에는 갑작스런 큰소리에 깜짝 놀라는 반응(모로 반사)을 보이는 정도였으나 1개월이 된 아기는 이 모로 반사 이외의 인간다운 반응이 나타나기 시작한다.

잠들어 있을 때 가까이에서 갑작스럽게 큰소리가 나면 눈을 뜨고 울음을 터뜨리거나 울 때나 손발을 움직일 때 말을 걸어주면 울음을 뚝 그치거나 잠깐 동작을 멈추거나 한다.

2개월이 가까워지면 덜그럭거리는 소리가 나는 쪽으로 천천히 얼굴을 돌리거나 말소리가 들려오는 쪽으로 고개를 돌려 반응을 나타내기도 한다.

이러한 반응이 보이면 어머니도 아기에게 말을 거는 것이 무척 즐거울 것이다.

가끔 약간 큰소리로 이름을 부르거나 딸랑이(노리개)를 흔드는 놀이를 시작해보자.

엔젤의
미소를 소중하게 길러주자

반사운동이 있을 뿐 전혀 표정이 없던 얼굴은 신생아기에 비해 아기다운 표정이 드러나기 시작한다.

아직 '의사'의 싹은 보이지 않으나 신경기능이 발달해서 감정의 달음박질이라고도 할 수 있는 '배냇짓'을 해 보인다.

이 배냇짓을 외국에서는 '가스트릭 스마일 gastric smile' 다시 말해서 '위胃의 웃음'이라 부르는데 젖을 충분히 먹어 배가 부르면 자연히 볼의 근육이 느슨해진다고 해석하는 것이 옳다. 어머니에게는 '모나리자의 미소'보다 더 가치 있는 '아기의 미소'이리라.

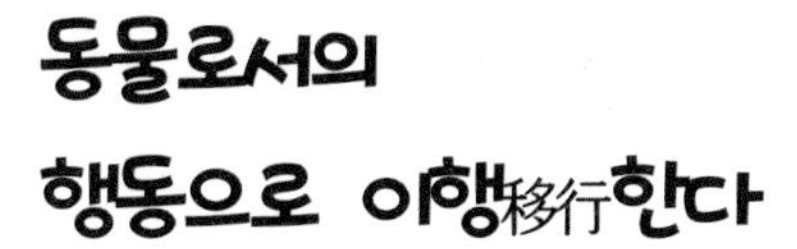

의사도 없으므로 생각해서 행동하기는 아직 요원하지만 어느 정도의 이해(그보다는 반사적인 행동)는 할 수 있게 된다.

얼굴에 종이나 옷자락이 덮이면 느리기는 하지만 '도리도리'를 하는 것처럼 얼굴을 좌우로 흔든다. 손으로 걷어내지는 못하지만 싫은 것, 위험한 것에서 몸을 비키려는 행동은 자연스럽게 할 수 있다.

또 젖 먹이는 자세로 안아주면 젖을 빨 때처럼 입을 움직인다.

지난 수 십 일 동안 반복해서 배운 젖빨이 행동에 대한 일종의 조건반사인지도 모르겠으나 이것이 장래의 능력으로 이어질 것이다.

그와 같은 의미에서 어머니는 날마다 수차례 하는 수유를 정성을 다해 하기 바란다.

★ 신체 ★

체중증가
방식이 하나의 바로미터 barometer로

모유를 먹는 법도 안정되어 체중의 증가도 훨씬 두드러진다.

이 시기에 아기의 발육이 순조로운지 어떤지는 일단은 체중이 하루 평균 30~35g씩 증가하는지를 잣대로 삼아 판단한다.

작게 태어나건 크게 태어나건 이러한 정도로 체중이 증가하면 발육은 순조롭다고 보아도 좋다.

하루 30~35g이라는 숫자를 지정하면 날마다 아기를 저울 위에 올려놓고 '됐다' '부족하다'하고 웃고 울고 하기 쉬운데, 하루 단위로 보는 것이 아니라 1주일이나 10일마다 계측해서 불어난 중량을 날짜 수로 나누는 방법으로 계산하는 것이 좋다.

그다지 정밀한 숫자는 나오지 않겠지만 가정용 체중계에 아기를 안은 어머니가 올라가 계측하고 다음에는 아기를 안지 않은 어머니의 체중을 계측해서 그 숫자를 빼면 기준이 나온다.

체중증가를 발육의 바로미터 barometer로 삼는 것은 먹은 젖이 잘 소화 흡수되어 영양분으로서 몸에 흡수되고 있다는 해석 때문이다. 그래서 이 시기가 되면 내장(소화기消化器)의 작용도 서서히 활발해지는 것이다.

그림) 바구니에 담겨 저울 위에서 체중을 재는 아기

체중의 증가가 신통치 않을 때

체중의 증가가 신통치 않을 때에는 다음 사항을 주의하며 관찰을 계속해야 한다.

① 모유를 먹이면 언제까지나 젖꼭지를 물고 놓지 않는다.

하루 수유 량이 500ml이하면 아기의 체중은 늘지 않는다. 10~15분이나 젖을 빨려도 젖꼭지를 놓지 않는다. 젖을 먹이는 간격이 2시간도 못될 때는 모유가 부족한지 점검한다.

② 대량으로 젖을 토한다.

젖을 먹은 직후에 왈칵 넘치듯 토하는 것은 너무 많이 먹었기 때문에 나타나는 현상이므로 걱정할 필요가 없다. 그러나 먹일 때마다 심하게 토할 때에는 유문협착幽門狹窄 따위의 위장병을 의심해볼 수 있다.

하루 한 번이나 두 번 심하게 토하는 경우에는 체질적으로 토하기 쉬운 아이, 신경질적인 아이라는 점을 고려하자. 혹은 공기를 많이 마셔 공기연하증空氣嚥下症일지도 모르니 젖을 먹인 뒤 트림이 나오도록 추슬러주자.

심하게 토해서 체중이 늘지 않을 때는 어떤 병증이 잠복하고 있지는 않은지 일단은 소아과 의사에게 진찰을 받아보는 것이 좋다.

③ 잘 먹어도 살이 찌지 않는다.

젖도 잘 먹고 토하지도 않는데 체중이 거의 늘지 않는 경우에도 한 번쯤 진찰을 받아볼 필요가 있다. 대사이상代謝異常이나 신경계통에 이상이 없는지 검진해보기 바란다.

내장기관이 완성되어간다

태아기에는 혈류血流가 성인과는 다르기 때문에 심장의 벽에 구멍이 나있거나 폐동맥肺動脈과 대동맥大動脈을 잇기 위해서 동맥관動脈管이 벌어져 있었는데 성인순환成人循環으로 교체되면 심장 벽의 구멍이나 동맥관은 차츰 막히기 시작해서 이 시기에는 양쪽 다 완전히 막힌다.

아기에게 가끔 보이는 선천성심장병 가운데 심방중격결손증心房中隔缺損症, 심실중격결손증心室中隔缺損症, 동맥관개존動脈管開存 등의 병은 이 무렵까지 확실하게 결정된다.

앞으로 설명하게 될 4주차 건강진단은 이러한 선천성 병이나 내장기관의 기형을 조기에 발견하고 그에 대처하려는 것이다.

심장이 완성되면 혈액순환은 유연하게 진행되기 때문에 신생아기에 가끔 보이는 온도저하에 따른 순환장애 같은 트러블에 대한 염려는 줄어든다.

위나 장은 아직 소화 흡수력이 충분하다고는 할 수 없다. 위의 모양도 술병을 세워놓은 것처럼 일직선(스트레이트 straight)이므로 먹은 젖도 토하기 쉬운데 차차 완성되어간다.

인공영양아일 경우 영양법이 문제가 되는 것은 이 시기 아기의 소화 흡수력이 약하기 때문이다. 이 때문에 되도록 소화가 잘 되는 모유로 기르는 것이 바람직하다는 것이다.

아기는 나날이 자라지만 어머니에게 걱정거리는 끊이지 않는다. 단순한 젖 넘기기와 젖 토하기의 구별도, 판별하기도 어려워 걱정거리 중 하나가 되기 때문이다. 혼자서만 고민하지 말고 육아 선배나 어머니, 할머니, 소아과 의사와 의논해서 마음에 근심거리를 담아두지 않도록 하자.

4주차
건강검진은 반드시 받아야 한다

생후 4주가 지나면 4주차 건강검진을 받도록 지도한다.

4주차 건강검진이란 발육이 순조로운지, 건강상태는 어떤지, 선천적인 이상은 없는지 등을 점검하기 위한 것이다.

신장이나 체중을 측정해서 출생 시와 비교해 증가양상을 알아보는 등 숫자를 근본으로 한 검토나 문진問診에 의한 일상생활, 영양법의 체크, 얼굴빛이나 피부 빛깔, 수족의 움직임 등을 살피는 시각적인 체크, 청진聽診 타진打診 등을 통해 아기의 몸을 총괄적으로 진찰 조사한다.

신생아기의 1개월은 풋내기 엄마가 필사적으로 길러온 셈인데 그 육아자세에 잘못은 없는지 되도록 빨리 체크해서 시정하는 것이 이 검진의 목적이므로 꾸미지 말고 있는 그대로 대답하는 것이 앞으로 육아를 원만하게 하는 데 필요하다.

만약
이상이 발견되면

출생 직후에는 몰랐던 이상이 이 시기에 발견되기도 한다.

빨리 적절한 치료를 시작해서 완전히 치유하자. 아니면 적극적으로 극복하는 노력을 하기 바란다.

가랭이관절탈구(고관절탈구股關節脫臼) 따위는 되도록 조기에 치료하면 빨리 완치되어 아기나 어머니의 수고를 덜 수 있다.

심장병이나 내장기형 등으로 수술이 필요한 병은 그 병의 정도에 따라 각각 전문의가 결정한다.

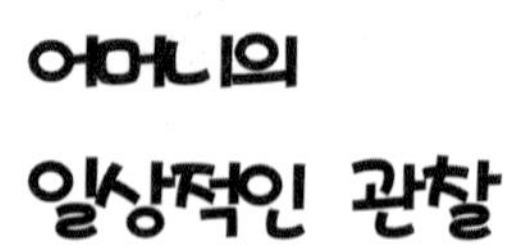

4주차 검진 때에 특히 주의해서 진찰하는 것은 선천적인 병의 잠복 유무다.

심장에 선천적인 병이 있으면 얼굴빛이 밝지 않거나 모유를 잘 먹지 않는다는 어머니의 호소가 있을 것이고, 뇌성마비 등 신경계통의 병이 있으면 수족의 움직임이 둔하거나 균등하지 않은 등의 증상이 나타나므로 사소한 일이라도 간과하지 않도록 담당의사는 세심한 주의를 기울인다.

목에 응어리는 없는지 다리를 벌리는 상태는 어떤지 등 의사도 충분히 점검은 하겠지만 일상생활 가운데서만 발견할 수 있는 일도 있다.

어머니의 눈으로 보아 '이것은 약간 이상하구나…'하는 의심이 들면 보건의나 전문의와 상의해보자.

육아를 시작한지 1개월 정도로는 아직 육아의 '감'은 충분치 못할 것이다.

앞으로 기나긴 육아의 여정에는 감을 필요로 할 경우도 있다. 아기의 병이나 이상 유무를 점검할 때에는 어머니의 육감

뿐 아니라 반드시 정확한 데이터(열이 났을 때는 체온을 기록한 기록지 등)를 토대로 판단하는 것이 중요하다.

이 시기라면 완전히 치료할 수 있는 이상 증상도 있고, 치료를 빨리 하면 아주 가벼운 정도의 장애로 끝낼 수 있는 병도 많으므로, 걱정하거나 두려워하지만 말고 이 4주차 건강검진을 적극적으로 활용하여 의문점을 해결하도록 하자.

그림) 아이인형과 바구니 속의 두 아기인형

인공영양으로 기르려면

모유를 기본으로 최선을 다하자

유아기乳兒期, 특히 소화력이 약한 이 시기의 영양은 완전영양에다 소화도 잘 되는 모유로 기르는 것이 좋다. 모유의 부족, 혹은 직장 때문에 인공영양으로 길러야 하는 어머니도 많이 계시리라 생각된다.

부득이 모유로 기를 수 없는 사정이라면 혼합영양(낮에는 인공, 밤에는 모유, 또는 모유를 먹인 뒤 인공 유를 먹인다.)으로 해서 기르자. 아무튼 모유를 기본으로 하고 인공영양을 보충하는 방식으로 최선을 다하기 바란다.

또 완전한 인공영양일지라도 건강하게 자라지 못할 이유는 결코 없으니 공연히 구애받지 말고 어머니의 마음을 확실하게 다잡고 자신감을 가지고 기르기 바란다.

예전에는 모유가 나오지 않으면 아기의 생명과 직결되었지만 지금은 개량에 개량을 거듭한 분유와 육아기술로 충분히 보충할 수 있다.

사랑하는 마음

요즘은 부처님을 모신 절로 이어지는 상점가가 평소보다 붐비는 것 같다. 풍선을 든 아이의 손을 잡고 걷는 사람도 있고 비닐주머니에 금붕어를 담아들고 걷는 사람도 있다. 그러고 보니 초파일은 부처님의 젯날인데 오늘이 그 초파일이다.

아장아장 걷는 아이들을 걸리거나 안고 이 길을 왕래하던 것이 엊그제 같은데 세월은 유수 같아 벌써 손자들을 데리고 걷는 세대가 되었다.

그 동안 세상은 크게 변모했으나 젯날의 축제분위기만은 예나 지금이나 변함이 없는 것 같다.

그리 넓지도 않은 경내에 천막을 치고 노점이 들어서 솜사탕과 젤리 등을 판다. 낙지볶음이나 고기 굽는 냄새도 풍기고 금붕어나 거북이를 파는 가게도 있다.

장난감반지나 플라스틱가면 등 값싼 장난감만 늘어놓은 천막에서는 주인 할머니가 싸가지고 온 도시락을 먹고 있다.

왕래하는 사람들의 모습과 표정도 가지각색, 아이들을 동반한 사람이 많은 것만은 분명하다. 지친 노인이 있는가하면 위

세 등등한 가게 주인으로 보이는 중년여인도 있다.

이런 인파 속에 섞여있노라면 이상하게도 마음이 편안해진다. 고민하고 괴로워하는 사람이 나뿐만 아니구나 하고 마음 든든하게 생각하는 까닭인지도 모르겠다.

그야 어찌되었건 늘어선 노점 가운데 어린아이들에게 의외로 인기가 있는 것은 금붕어나 거북 따위를 파는 가게다.

아이들의 성화에 못 이겨 그 한두 가지를 사서 돌아올 때도 있으며 사가지고 온 금붕어가 죽어서 무덤을 만들어준 적도 있다.

최근 지방에 사는 손녀는 내가 사준 거북이를 플라스틱 용기에 담아 상경할 때나 멀리 여행을 떠날 때도 늘 들고 다녔다.

이번에 상경했을 때에는 가져오지 않았는데, 동면중이라 밥을 줄 필요가 없었는지 죽었는지 모르겠다. 만약 죽었다면 슬픔을 되살아나게 하는 것도 가혹한 일이라는 생각이 들어 거북이에 대한 말은 꺼내지 않았다. 아무튼 어린 아이가 부모형제 이외의 다른 것을 사랑할 수 있게 되는 것은 굉장한 진보라고 생각한다.

남을 사랑할 줄 모르는데 남에게 사랑 받는 사람이 될 수는 없기 때문이다.

더구나 남을 사랑하는 마음은 돌 무렵부터 서서히 싹트기 시작한다. 그 싹을 소중하게 길러주어야 한다.

물론 애정의 대상이 유독 거북이나 금붕어로 한정되는 것은 아니다. 새나 강아지나 고양이, 또는 나무나 헝겊으로 만든 인형도 있을 것이다.

학생시절 한 서점에서 읽은 단편동화가 생각난다.

겨우 사물을 분간할 수 있게 된 어린아이가 소중하게 아끼던 장난감 강아지 '호펠·포펠'을 열차에 놓고 내렸는데 그 장난감이 무사히 아이에게 되돌아오기까지의 여정을 그린 이야기다. 약간 억지스러운 줄거리이기는 하지만 어린아이의 애정이 한결같아서 속임수가 용납되지 않는 상황이 적확하게 묘사되어 있었다.

어찌되었거나 어린아이가 신변의 무엇인가를 사랑하는 마음은 이윽고 타인에 대한 따뜻한 인정으로 발전해나가리라. 특히 그것이 생물일 경우에는 슬픈 이별도 경험하지 않으면 안 된다. 이 또한 귀중한 체험일 터이다.

현대는 여러 가지 조기교육, 천재교육이 유행처럼 번지고 있다. 그것이 나쁘다는 말은 아니다. 그것은 그것이고 중요한 것은 애정교육도 잊지 말기를 바랄 뿐이다.

단백질의 종류를 바꾸어 소화가 잘 되게 되었다

인공영양의 진보된 발자취를 돌아보자. 육아용 분유는 예부터 사용되어왔는데 우유를 건조해 만든 건조우유를 분말로 만들어 먹이는 방법이었다.

그런데 해방 후 모유에 가깝게 분유의 조직을 바꾸는 대대적인 개량이 이루어졌다.

개량의 첫 번째 카드는 연화軟化다.

카드라고 표현한 것은 우유나 모유가 아기의 위로 들어가 거기에서 위산胃酸과 만나 응고된 물체(응고물凝固物)를 말한다.

눈으로 보면 멍울멍울한 침전물인데 그 침전물의 입자粒子가 작으면 작을수록 소화가 잘 되는 것이다.

분유의 입자는 모유의 입자에 비해 거칠고 또 침전물을 보면 딱딱하게 굳어 있다.

다시 말해서 모유는 부드럽고 입자가 고운 카드이므로 소화가 잘 되는 반면 분유는 딱딱하고 거친 입자이므로 소화시키기가 어려워 트러블이 일어난다.

그래서 우유를 소프트 카드로 만들려는 개량이 처음으로 이루어진 것인데 먼저 단백질 분해 효소를 첨가해서 단백질의 질을 바꾸어 카드를 부드럽게 만들었다.

이렇게 하면 단백질의 일부가 부분적으로 소화된 상태로 되어 아기의 위 속에서 소화가 쉬워진다.

이렇게 분유를 소화흡수가 잘 되도록 개량하여 모유에 가깝게 만들었다.

두 번째는 단백질의 종류를 개량한 것이다. 우유 속에 함유되어 있는 단백질은 카제인 말고도 락토알부민, 락토글로브린이 있다.

그러므로 모유와 우유 단백질은 성질이 약간 다르다.

그래서 분유에 락토알부민을 첨가해서 모유 단백질의 성질에 가깝게 만들었다.

비피더스균을 증식시키는 유당乳糖 첨가

다음은 함수탄소含水炭素의 개량이다. 이것은 최초로 유당을 첨가한 개량이다.

유당은 자연계에서 유즙 속에만 존재하는 '당분糖分'이므로 성장발육에 상당한 의미를 지니고 있을 것이 틀림없다는 생각에서 연구에 연구를 거듭한 것인데 실제로는 잘 몰랐던 것뿐이다.

다만 현재 알아낸 유당의 작용은 장내의 비피더스균을 증식시킨다는 것이다.

이 비피더스균이 증식되면 몸 밖에서 들어오는 병원균病原菌에 대항하는 힘이 증강되는 동시에 생체에 필요한 비타민B_2, 비타민B_6를 비롯한 비타민B군이 만들어진다.

모유영양아의 변에는 비피더스균이 많은데 인공영양아의 변에는 대장균이나 장구균腸球菌이 많다.

모유영양아가 감염에 강한 이유 중 하나가 이 비피더스균의 장내 작용 덕분 아닐까 하는 점에 착안하여 분유에 유당을 첨가했다.

어찌되었거나 함수탄소의 개량으로 비피더스균을 증식시킬 목적으로 유당과 그 밖의 당질을 첨가했다.

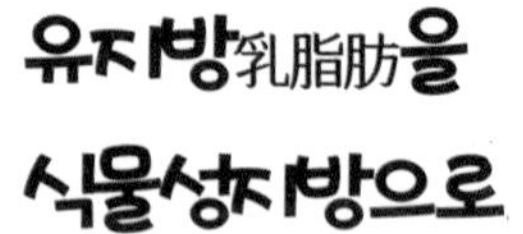

마지막은 지방의 개량이다. 지방산脂肪酸 가운데는 필수지방산必須脂肪酸이라 해서 살아가는데 매우 중요한 작용을 하는 지방산이 있다. '필수'라는 의미는 여러분도 잘 알고 계시는 바와 같이 필수아미노산이 있다.

이 필수아미노산 가운데는 결핍되면 성장은 말할 것도 없고 살아갈 수도 없는 종류의 것도 있는데, 필수지방산은 이것이 없어도 죽지는 않는다는 점이 약간 다르다.

그러나 이 필수지방산이 부족하면 결핍증상이 나타난다.

대표적인 필수지방산은 리놀레산, 리놀렌산, 아라키돈산 등인데 이것은 모유 속에는 많이 함유되어 있어 아기의 정상적인 발육을 돕는다.

그러나 우유에는 이러한 필수지방산이 적다. 그래서 지방산의 조성을 모유에 가깝게 하기 위해서 유지방乳脂肪을 반 정도 제거하고 리놀산이나 아라키돈산으로 바꾸었다. 유지방을 반쯤 남긴 이유는 젖 특유의 좋은 맛을 남기기 위해서다.

우유가 아니라 육아용 분유를

이상과 같은 과정을 거쳐 현재의 육아용 분유가 제조되고 있지만 '우유가 천연식품이니까 더 좋을 것'이라고 생각하는 사람도 있는 것 같다.

그러나 해방 후 70여 년간 영양학자나 소아과의사가 대단한 수고와 연구를 거듭해 만들어낸 육아용 분유가 아기에게 무리가 없다는 것은 지금까지 설명한 것으로 충분히 알게 되었을 것이다. 모유가 없거나 모유가 부족할 경우에는 육아용 분유를 사용하도록 권장한다.

이유에 들어가는 과정에서 우유로 교체하는 방법도 마찬가지로 잘못된 생각이므로 될 수 있으면 이유기를 지나서도 육아용 분유로 기르는 것이 좋다. 다만 맛이 우유보다 떨어지기 때문에 한 번 우유 맛을 알게 된 아기는 분유를 싫어할 수도 있다. 이 시기에 들어서면 영유아용 팔로우-업 밀크 Follow-up milk로 바꾸는 것도 고려해볼 만하다.

진짜와 가짜

거실의 낡은 전등갓을 교체하려고 거리로 나갔다.

평소에는 담배나 책 이외의 것을 사본 일이 없는 내가 변덕을 일으킨 것이 나빴는지 쉽사리 그러한 물건을 찾지 못했다.

필자는 지금 붐이 일고 있는 아파트를 살만한 재력도 없고 개축할 능력조차 없기 때문에 40여 년 전 부모님께서 지은 옛집을 물려받아 그대로 살고 있다.

따라서 설비도 모두 오래된 것이다. 전등의 갓은 접시를 엎어놓은 모양의 유백색 유리 갓이다. 천정에 늘어져있는 전기코드 끝의 에보나이트 소켓에 갓의 오므려진 부분을 나사못으로 조여 백열전구의 갓으로 삼은 것으로 옛날에는 대부분의 가정에서 사용하던 아주 흔하디흔한 물건이다.

그럼에도 불구하고 이와 비슷한 것조차 찾아볼 수가 없다. 전파상이 적고 줄지어 늘어선 가게의 절반 정도는 여성용 의류를 판매한다. 여성전용 구둣방도 많고 잡화를 취급하는 가게는 눈에 띄지도 않고 전기부품가게도 의외로 적었다. 가끔 눈에 띄어도 냉장고나 TV뿐, 어쩌다 진열된 조명기구는 조악

한 물건뿐이다.

물건을 소중하게 다루고 부서지면 수리하거나 깨진 부분만 갈아 쓰는 것이 우리나라의 전통적인 미풍이었다. 플라스틱이나 눈 발림의 싸구려물건들에 둘러싸여 생활해서 아직도 쓸 만한 물건들을 쓰레기차에 실려 보내는 생활방식은 납득하기 어렵다.

이러한 환경에서 자라난 아이들이 플라스틱으로 만든 가짜와 마찬가지로 겉보기에는 모양이 좋지만 몸도 마음도 쓸모가 없는 어른으로 성장한다 해도 조금도 이상할 것이 없다.

새 것이든 낡은 것이든 좋은 물건을 소중히 여기는 어른들의 태도야말로 참 사람을 길러내기 위한 절대 필요조건이지 싶다.

2개월 ~ 3개월

2개월째에 들어선 아기는 갑자기 감정의 발달이 눈부시게 진전된다.

눈물을 흘리며 울거나 얼러주면 방글방글 웃어 보이기에 아기를 돌보는 어머니는 확실한 반응을 느낄 수 있게 된다.

대뇌大腦의 시각 령視覺領이 발달해서 눈으로 본 물체를 인식할 수 있게 되므로 늘 맛있는 젖을 먹여주고 상냥하게 자신을 돌봐주는 어머니의 얼굴을 이 세상에서 가장 먼저 인식하게 되리라.

시장기를 느끼고 젖을 먹고 포만감에 잠겨 입을 젖에서 뗀다.... 맛있는 것은 즐기고 맛없는 것은 거부하는 등 오감의 발달에 수반해서 감정에 따르는 행동이 늘어난다.

2개월째 후반에 들어서면 어머니의 말소리에 옹알이로
응답하게 되어 '언어'를 통해서 가족들과 교류할 수 있게
된다.
이제 막 시작한 언어를 통한 커뮤니케이션은 앞으로 기나긴
일생을 풍요롭게 해나갈 것이다.
그 시작에 즈음하여 어머니는 좋은 씨앗을 아기의
언어중추에 심어주어야 한다.

★ 마음과 신체 ★

아기다운
탐스러운 몸매가 된다

팔이나 넓적다리의 살집이 통통해지고 배가 불룩해져서 '탐스러운 아기'로구나— 하는 느낌이 든다.

목이 꼿꼿해져서 엎어놓아도 잠깐 동안은 고개를 들고 있을 수 있다.

체중이 늘었다는 사실뿐 아니라 온 몸이 단단해져서 안아 올려도 안정감을 느낄 수 있다.

실제로
물체가 보인다

눈앞에 물체가 가까이 다가오면 눈을 깜빡거린다. 또 가까이 있는 물건을 가만히 쳐다보거나 눈앞에서 움직이는 물체를 추시追視하거나 하는 동작을 할 수 있게 된다.

눈앞의 물체를 보고 눈을 깜빡이는 것은 대뇌피질大腦皮質의 시각 령視覺領이 작용하기 시작했기 때문으로 실제로 물체를 보기 시작한 것이다.

눈앞의 물체를 분간할 수 있게 되면 '이게 무엇일까?'하는 궁금증에서 더 자세히 보려는 생각으로 '응시'하게 될 것이고 그 물체가 움직이면 아기의 눈은 그것을 놓치지 않으려고 '추시' 할 것이다.

생각해보면 세상에서 이토록 '순수한 시선'은 그리 흔치 않다. 이 시기를 포착해서 '내가 너의 엄마란다...'라고 인식시켜 주어야 한다.

말을
걸면 반응을 나타낸다

눈과 마찬가지로 귀에도 인간다운 발달이 보인다.

이 무렵엔 잠들어 있을 때 아이들이 떠드는 소리나 커다란 재채기소리, 부저나 시계소리, 청소기 모터소리 등이 들리면 눈을 뜬다.

또 이 월령의 후반기에 접어들면 가족들이 걸어주는 말에 '아~'라던가 '우~'라던가 하는 소리를 내어 응답할 수 있게 된다. 혹은 벙실벙실 웃어서 들려주는 말에 기쁨을 나타내기도 한다. 눈이나 귀의 발달에 수반해서 인간다운 감정이나 마음이 싹트기 시작하는 것이다.

외기 욕外氣浴을 시작하자

아기가
사는 세상을 넓혀주자

발육이 순조로우면 생후 60일 경부터 외기 욕外氣浴을 시작한다. 이 무렵에는 살이 많이 붙어서 토실토실한 건강체로 바뀌고 목도 안정되어 집 밖으로 데리고 나가도 위태롭다는 생각이 들지 않는다.

또 물체를 똑똑히 알아볼 수 있으므로 방보다 시계視界가 넓은 집 밖으로 데리고 나가면 아기의 마음을 안정되게 기른다는 점에서도 매우 의의가 있다.

빛이나 음향이 거의 일정한 상태로 보존되던 아기의 방에서 한 걸음 밖으로 나오면 이제까지 경험하지 못했던 세상이 전개된다. 반짝이는 햇빛이나 푸른 나무들과 같이 공원에서는 즐겁게 뛰노는 아이들의 즐거운 이야기소리도 들려올 것이다.

아기는 아이들의 목소리를 매우 좋아한다. 자신은 아직 한몫 끼지 못하지만 그들의 환성을 듣노라면 아기의 마음도 설렐 것이다. 아기의 마음을 설레게 하는 것은 심신의 발육을 촉진시키는 좋은 자극이 된다.

푸른 하늘을 바라보며 20~30분 정도의 산책부터 시작하자

2개월 ~ 3개월

탁 트인 푸른 하늘, 바람이 없는 온화한 날을 골라 아기를 밖으로 데리고 나가자.

처음에는 20분이나 30분 정도의 산책부터 시작해서 익숙해지면 1시간정도 아기를 안고 근처의 공원에라도 나가보자.

집 밖 공기의 흐름이나 찬 기운은 아기의 피부를 긴장시켜 혈관을 탄탄하게 죈다. 그리고 다시 따뜻한 방으로 돌아오면 피부도 혈관도 이완된다.... 이러한 작용이 피부를 단련시켜 감기에 걸리지 않는 튼튼한 아이로 만들어줄 것이다.

데리고 나갈 때는 안는 것도 유모차를 이용하는 것도 좋지만 직사광선은 피하도록 주의하기 바란다. 물체가 보일만큼 시력이 생겼다고는 하지만 직사일광은 너무 자극이 심하다.

차양이 있는 모자나 유모차의 햇살가리개로 아기의 얼굴에 그늘을 만들어주자.

외기 욕을 시작하는 계절은 언제든 상관없지만 추운 겨울만은 피하자. 엄동이라면 시기를 조금 미루는 것이 좋겠다.

이러한 때에는 하루에 두세 번 기온이 가장 높은 한낮에 창

문을 열어 방의 공기를 완전히 환기시켜 아기의 피부를 찬 기운에 익숙해지도록 단련한다.

반대로 한여름 무더위에는 아침저녁 서늘할 때 나가도록 한다.

일광욕을 시작하자

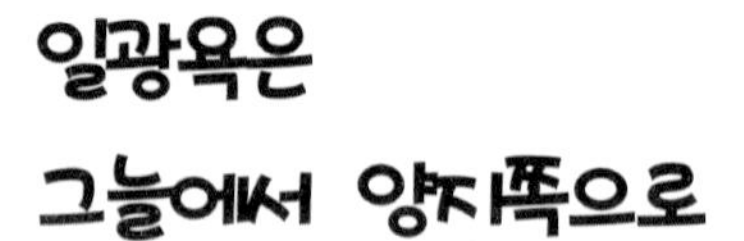

외기 욕에 완전히 익숙해졌다고 생각되면 일광욕을 시작해보자.

식물과 마찬가지로 아기의 성장에도 태양은 빼놓을 수 없다.

우리나라와 같이 어디서나 햇빛을 볼 수 있는 복 받은 나라에서는 특별히 따로 일광욕을 시킬 필요까지는 없으며 국부적으로 햇빛에 피부를 드러내는 것은 너무 자극이 심해서 좋지 않다...는 '일광욕 반대설'도 일부 피부과 전문의들의 입에서 나오는 것 같은데, 나는 아기의 발육은 '피부' '눈' '코'와 같이 블록단위로 생각할 문제는 아니라고 생각한다. 그렇기 때문에 아기의 일광욕은 의미가 있다고 여긴다.

무릎 아래를 몇 분간, 가슴에서 복부까지 몇 분간, 이런 식으로 신체의 부분과 시간을 몇 단락으로 나누어 일광욕에 익숙하게 하는 종전의 방법이 좋은지 나쁜지는 접어두고, 육아 가운데서 태양 빛을 쐬는 시간을 만드는 일은 심신의 건전한 발육을 위해 빼놓을 수 없는 일이라 생각한다.

태양광선이
아기의 생명체에 직사直射 하도록

태양광선 가운데 자외선이 피부에 닿으면 피하에서 비타민D가 만들어지고 그것이 뼈의 성장을 촉진한다. 또 피부에 온열溫熱자극이 가해지면 모세혈관의 혈액순환이 좋아지고 신진대사를 촉진하므로 아기의 발육은 더욱 좋아지고 피부도 단련된다.

또 적당한 운동과 같은 효과도 있으므로 밤에는 포근하게 잠을 잘 자는 등 일석이조의 효과가 있다.

일광욕의 가장 큰 효과는 아기가 태양광선이라는 대자연의 위대한 은혜 앞에 피부를 드러내는 일이다.

태양 빛과 따뜻함 속에서 몸도 마음도 마음껏 해방될 수 있는 것이 내일을 향해 무럭무럭 자라는 아기의 '생명체'에 직접적으로 작용할 것이다.

생후 2개월이 지나 체중이 4.5kg을 넘는 아기라면 아무 때나 시작해도 상관이 없는데 2, 3주 전부터 외기 욕을 시키면 아기의 저항이 적어진다.

시작하는 날은 청명하고 바람이 없는 날을 택한다. 아무리 날씨가 청명해도 바람이 세게 불면 아기의 피부에는 자극이 심하고 눈에 먼지가 들어가는 등 생각지도 않았던 문제가 발생하기 쉽다.

시간은 되도록 오전 중이 좋고 젖을 먹인 뒤 1시간 이상 지난 뒤에 한다.

◆ 진행방법

① 무릎부터 아래쪽을 5분 이내

② 배꼽에서 아래를 5분 이내

③ 가슴까지 열어서 5분간

④ 전신을 알몸으로 해서 10분(가슴과 등을 각각 5분씩)

⑤ 앞, 뒤 전신을 20분(앞, 뒤 각각 10분씩)

①부터 ②까지는 각각 4~5일 단위로 진행한다.

일광욕

그림) 꽃밭에서 일광욕을 하는 아기

외기 욕이나 일광욕을 피하는 것이 좋을 경우

외기 욕이나 일광욕을 피하는 것이 좋을 경우는 다음과 같다.

① 바람이 많이 부는 날

② 여름에 햇볕이 강하게 쏟아지는 한낮

③ 몸에 신열이 있을 때

④ 설사를 심하게 할 때

⑤ 원인 모르게 짜증이 심할 때

날씨와 아기 상태에 따라 판단하기 바란다.

외기 욕이든 일광욕이든 일단 시작했으면 매일 계속하는 것이 좋다. 다만 아기의 컨디션이 나쁠 때나 기분이 나쁠 때에는 무리하지 말고 중단하도록 한다.

하루나 이틀쯤 쉬어도 효과가 원점으로 돌아가는 성질의 것은 아니므로 무리는 하지 말자. 또 아기가 기분 좋게 할 수 있는 것에 주안점을 두고 아기의 컨디션에 따라 적절히 조절하자.

그림) 아기를 안고 강아지와 함께 산책하는 엄마

외기 욕이나 일광욕을 한 뒤

외기 욕이나 일광욕을 한 뒤 아기는 갈증을 느낄지 모른다. 외기 욕이나 일광욕이 끝나면 녹차나 끓인 보리차를 식힌 음료수, 유아용 또는 가정에서 만든 과일주스 등을 아기가 마시고 싶어 하는 만큼 충분히 수분을 섭취하게 한다. 단 모유나 우유는 음료수 대용이 되지 않는다는 점을 알아두자.

무리가 없도록
서서히 습관을 들이자

무릎부터 그 아래쪽을 5분, 그것을 3일간 계속하고 4일째에는 배꼽아래까지… 이런 식으로 일광욕에는 약간 성가신 방법이 권장되어 왔다.

일광욕을 시작하면 이 원칙대로 하지 않으면 안 된다고 생각하니 마음이 답답해지는 어머니도 계실 것이다.

4~5일 간격으로 직사하는 부분을 점차 늘려나가는 방법은 어디까지나 아기에게 무리가 없게 하려는 취지이므로 그 기본을 잘 이해하고 신중하게 진행한다면 순서나 날짜 수를 엄격하게 지킬 필요는 없다.

다만 아기가 트러블을 일으키지 않도록 무리가 없는 진행방법을 따르는 것이 좋다.

3개월 ~ 4개월

생후 3개월은 성장의 두 번째 고비다. 이 달에 체중이
태어났을 때의 약 2배로 늘고 목도 완고히 안정된다.
대뇌大腦나 신경이 눈부시게 발달하여 감정이나 의사가 있는
인간으로 변신한다.
지금까지는 배냇짓의 연장으로 잠자코 벙실벙실 미소를 짓던
아기가 소리를 내서 웃고 울 때는 눈물을 흘리며 운다.
오감五感의 발달이 기쁨이나 슬픔의 감정을 싹트게 해서
이윽고 정서가 풍부한 인간으로 자라날 것을 이 시기에
보장받는 것이다.
행동 가운데 감정을 보이기 시작한 아기는 아기의
부모에게는 정말로 '예쁜' 존재가 될 것이다.
갓 태어나서부터 작용해온 '모자간의 유대'의 마디가 이
시기에 그 누구의 힘으로도 풀 수 없을 만큼 단단히
결속되리라.

의식이 생기기 시작하고 감정도 싹튼 아기는 자기의 요구를
울음소리로 표현하기 시작한다.
아기에게 필요한 요구는 틀림없이 충족시켜주는 대신 어떤
규칙은 반드시 지키게 하는 등 육아 가운데 경계 긋기를 잊지
말기 바란다.
마음이 싹트기 시작했다는 것은 말할 것도 없이 어머니의
대응방법에 따라 아기의 감정이 동요되기 때문에 그 감정의
축적이 곧 성격이 됨을 뜻한다.
아기는 너무 어려서 아직은 아무것도 모른다고 생각하는
것은 잘못이다. 이 출발의 시기부터 아기를 한 인간으로
존중하는 것이 바람직하다.
또 선천적인 개성도 나타나기 시작한다. 개성과 환경에 의해
성격이 형성되기에 이 시기의 환경이란 어머니 자체다.

★ 마음 ★

어머니를
확실하게 알게 된다

시력 자체는 지난달과 별반 다르지 않아 0.01~0.02 정도이지만 눈의 움직임이 매우 좋아진다.

눈앞의 물체를 물끄러미 바라보는 시간이나 눈으로 좇는 시간이 길어져 30초 정도 추시追視하는 집중력이 생긴다.

또 어머니의 얼굴을 똑똑히 분간할 수 있게 되어 가까이 다가가면 빤히 쳐다보거나 벙글거리거나 얼러주면 좋아한다.

단순히 물체가 보이는 단계에서 본 물체를 이해하는 단계가 되었음을 느낄 것이다.

또 추시를 할 때는 눈으로만 좇는 것이 아니고 고개까지 움직여서 보게 되므로 시계視界가 그만큼 넓어진다.

그림) 엄마 품에 안겨 서로 웃는 아기와 엄마

반사작용이 소실消失되었다는 것은 청각에도 나타난다.

잠 들었을 때 갑자기 큰소리가 들리면 눈꺼풀을 깜짝거리거나 손가락을 움직이거나 해서 반응을 보이는데 신생아처럼 온몸이 깜짝 놀라는 모로 반사는 일어나지 않는다.

또 TV의 전원을 켜는 소리나 반복이 많은 광고 등에 반응을 나타내어 눈이나 얼굴을 소리가 나는 쪽으로 돌린다.

소리의 분간도 서서히 할 수 있게 되어 어머니의 상냥한 목소리는 좋아하지만 화난 목소리나 잡음에는 불안한 표정을 짓거나 얼굴을 찡그린다.

다소 음정이 맞지 않아도, 또 고운 목소리가 아니라도 상관없으니 아기에게 노래를 들려주면 좋겠다.

'음치가 유전되지나 않을까…' 걱정하기보다는 아기가 원할 때 엄마가 육성으로 노래를 불러 들려주어 마음을 안정시키는 것이 더 중요하다.

그림) 소리에 귀를 기울이는 아기

눈물이 나온다

눈물을 흘리며 운다는 것은 아기의 마음속에 희비애락의 감정이 생겼음을 나타낸다.

단순히 물리적인 자극에 반응하는 생물이 아니라, 기쁠 때와 슬플 때를 판단할 수 있어 그것을 눈물이나 웃음소리로 최대한 표현하는 고등생물이 된 것이다.

'울음은 아기의 투정'이라고 냉정하게 뿌리치지만 말고 아기의 정황을 잘 판단해서 슬기롭게 대처하기 바란다.

이 시기에는 어머니가 얼러주기만 해도 울음을 그치는 경우가 많다.

본능과 반사행동에서 물체를 이해하는 행동으로

생후 3개월, 성장의 단락, 고비의 두 번째 전환점에 접어들었다.

아기는 이쯤에서 식물적인 생물에서 동물적인 생물로 전환한다.

목적도 의사도 없이 오직 본능과 반사운동에 몸을 맡겨 성장해오던 아기가 자기의 의사나 생각을 가지고 행동하는 수의운동隨意運動을 시작한다.

얼핏 보아 같아 보이는 아기의 여러 가지 행동도 세밀하게 관찰해보면 신생아기와는 분위기가 약간 다름을 알아챈 어머니도 계실 것이다.

젖을 먹을 때의 몸짓이 달라졌다던가 어머니를 바라보는 눈초리가 왠지 달라 보인다던가….

대뇌가 작용하기 시작해서 행동에 의식이나 의사가 수반되는 동물적인 생물로 변신한 것이다.

대뇌가 작용하기 시작해서 동물다운 행동을 할 수 있게 된다

수의운동隨意運動이 시작되었다는 것을 아기의 어떤 행동으로 알 수 있을까? 시각에 대해서는 다음과 같이 말할 수 있다.

갓 태어난 아기라도 빛은 느껴 눈앞에서 손전등을 깜빡거리면 눈이 부신 듯 얼굴을 찡그리거나 눈을 깜빡거린다.

이러한 동작을 보면 제법 '눈부시다'던가 빛이 성가시다는 감정을 가지고 눈을 깜빡거리는 것 같지만 실은 장본인은 아무 감정 없이 다만 빛을 느끼기 때문에 자연히 '깜빡이반사가 일어나는 것' 뿐이다.

손전등 빛의 윤곽이 얼마만큼 컸나, 푸른색인가 노란빛이 짙었던가 하는 물체의 형태나 의미를 인식하는 능력은 전혀 없이 불수의운동不隨意運動으로 깜빡거리는 셈이다.

우리 어른들은 눈앞에 물체가 다가오면 무의식중에 눈을 '깜빡'거린다.

이것은 가까이 다가온 '물체'를 시각적으로 인식해서 그것에 대해 눈을 깜빡거리는 것이다.

'빛'이건 '물체'건 깜빡거리는 원인이 된다면 마찬가지가 아니냐고 생각할지 모르겠다.

그러나 빛과 물체는 크게 달라서 밝은 빛에 대한 깜빡이반사일 경우는 그 반사로反射路 속에 대뇌의 시각중추가 포함되어 있지 않다.

이에 반해서 눈앞의 물체에 대한 깜빡이반사의 반사로 속에는 대뇌피질의 시각 령視覺領이 포함되어 있다.

다시 말해서 눈앞의 물체에 대한 깜빡이 반사가 일어나기 시작했다는 것은 대뇌의 시각 령이 작용한다고 해석해도 좋다.

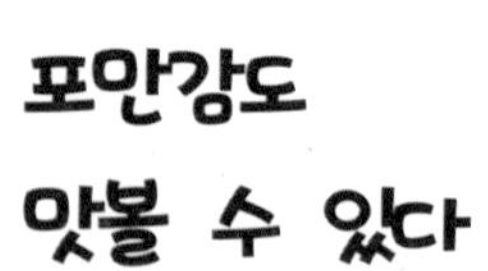

포만감도 맛볼 수 있다

아기의 성장에서 가장 소중한 젖 먹기에 대해서도 똑같이 말할 수 있다. 젖을 찾는 반사나 젖꼭지를 빠는 반사, 빨아 마시기 반사 등 일련의 반사운동으로 젖을 먹던 아기는 어느 정도 젖을 먹고 나면 젖 먹기를 중지한다. 이러한 일과 관련해서 예전에는 만복기구滿腹機構가 작용해서 중지하는 것이라 했지만 최근에는 피로해서 중지하는 것이라 생각하게 되었다.

그런데 3개월경부터는 젖 먹는 동작을 중지하는 것도 의사가 작용하는 수의운동으로 바뀐다. 본능적, 반사적인 것에서 수의운동으로 바뀐 것은 빨아도 아무것도 나오지 않는 고무젖꼭지를 빨렸을 경우와 빨면 젖이 나오는 젖병을 빨렸을 경우 젖을 빠는 동작의 차이로 알 수 있다.

이 시기에 우유를 싫어하는 버릇이 생기는 경우가 많다는 점으로도 아기가 자기의 의사로 젖을 먹기 시작했다는 것을 알 수 있다. 이처럼 삶과 직결된 젖 먹기도 식물적인 생물에서 동물적인 생물로 이행移行하는 행동으로 볼 수 있다.

★ 신체 ★

체중이 태어났을 때의 두 배로

태어났을 때에 비해 신장은 약 10cm가 늘어나고 체중은 약 두 배로 늘어난다.

몸은 토실토실하게 살이 찌지만 근육이 서서히 발달하기 시작해서 동작에 강한 힘이 가해진다.

안아 올려서 무릎 위에 세우면 발로 무릎을 차듯 버티어 몸을 아래위로 움직이는데 작은 발에 비하면 의외로 그 힘이 강하다.

또 손의 근육도 발달해서 딸랑이 등 장난감을 자기 손으로 쥐고 놀 수 있게 된다.

목덜미의 근육도 단단해져서 목이 안정될 뿐 아니라 두 손을 잡고 일으키면 몸과 함께 머리도 들어올린다.

크고 무거운 머리를 목이나 등의 근육이 탄탄하게 지탱할 수 있게 된 것이다.

보호만 하는 육아에서 아기 자신의 힘을 주축으로 하고 어머니는 거기에 힘을 빌려주는 형태의 육아로 방향을 전환하기 바란다.

만세를 부를 수 있게 된다

만세를 부른다.... 어른에게는 특별히 어려울 것 없는 동작이지만 실은 이 시기의 아기에게는 매우 중대한 일이다.

신생아기에는 만세 부르는 자세로 잠을 자는 일은 없다.

모두 반사작용에 의해서 몸을 움직이는 신생아는 오른쪽과 왼쪽이 따로따로이어서 좌우대칭인 만세 부르는 자세나 큰 대자(大)의 자세는 취하지 못한다. 그런데 3개월째에 접어들면 대뇌가 작용을 시작해서 반사운동은 차츰 감소되다가 소멸되고 만다.

그러기 때문에 잠이 들었을 때 두 손을 똑같이 들어 올려 마치 만세를 부르는 것과 같은 자세로 잠을 잘 수 있게 되는 것이다.

아기의 손에 나타나는 또 하나의 변화는 손바닥이다.

신생아기부터 1, 2개월 무렵까지 아기는 거의 손을 잔뜩 거머쥐고 있는 것을 여러분은 알고 계시는지? 그러던 것이 이 시기에 접어들면 자연스레 손바닥을 펴는 일이 많아진다.

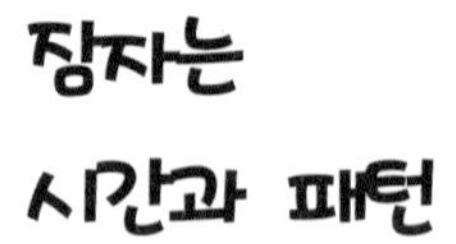

어른의 수면시간은 평균 7시간 내외이므로 하루의 약 3분의 1이다. 이에 비해 신생아기의 아기는 16~17시간에서 20시간 가까이 자니까 하루의 대부분을 잠으로 보내는 셈이다. 그것이 생후 3~4개월이 지나면 수면시간은 13~14시간으로 줄어든다. 이와 같이 수면시간은 성장함에 따라 달라지는데 시간이 줄어드는 것은 낮 동안에 자는 낮잠이다.

신생아일 때에는 낮과 밤이 각각 8~10시간이던 것이 3~4개월이 지나면 밤엔 9~10시간이고 낮엔 4~5시간으로 짧아진다.

다시 말해서 낮과 밤의 구별이 생기는 것을 수면의 변화로부터 분명히 알 수 있게 된다.

또 다른 방법으로 보면 계속해서 자는 시간이 길어졌다는 말이 되어 밤의 수면이 토막 형에서 장시간 형으로 바뀌는 시기이기도 하다. 어머니도 잠을 충분히 잘 수 있게 되는 시기이다.

그림) 토끼인형

4개월 ~ 5개월

감정이 있는 인간으로서의 생활을 시작한 아기는 주위의 사물에 대단한 호기심을 나타내기 시작한다.
선명한 색깔의 장난감이 있으면 손을 뻗어 잡으려 하고 귀를 기울여 음악을 듣거나 한다.
손으로 잡은 물건을 아무 것이고 입으로 가져가거나 손가락 빠는 버릇이 왕성해지는 시기이기도 하다.
눈으로 본 물건을 손으로 잡는 눈과 손의 공동운동도 잘 할 수 있게 되어 자기의 의사로 물건을 잡을 수 있게 된다.
호기심을 갖기 시작한 아기는 가만히 누워만 있게 되면 지루해한다. 또 단순한 지루함으로만 그치지 않는다. 좋은 자극이나 작용이 없는 생활 가운데에서는 심신의 훌륭한 발육을 기대하지 못한다.

외기 욕, 일광욕을 겸해서 산책 등 집 밖으로 나가는 기회를 많이 만들어주자.

아기의 방에는 없는 것, 예를 들면 강아지, 고양이 등의 동물이나 푸른 숲이나 꽃, 기차, 자동차 등을 실제로 보는 체험은 아기의 마음을 설레게 하는 감각의 세계를 넓혀주고 정서가 풍부한 인간이 되는 문을 열어준다.

★ 마음 ★

자기의 의사로
몸을 움직일 수 있다

엎어놓으면 꼿꼿하게 고개를 쳐들고 한동안 주위를 둘러보고 즐거워한다. 몸을 받쳐주는 팔에도 힘이 생기고 목덜미의 근육도 실팍해진 것이다.

자기의 의사로 몸을 움직이려고 이불 속에서 뒤집기를 시도하기 시작한다.

한 쪽 손, 어깨, 등을 올려서 반대쪽으로 가지고 가려고 하거나 그것이 성공해서 훌륭하게 뒤집어 자신도 깜짝 놀란 것 같은 표정으로 엎드려 있는 일도 있다. 또 뒤집기는 했지만 한 손이 몸 아래에 깔려 빠지지 않기 때문에 울음을 터뜨려 어머니를 깜짝 놀라게 하는 일도 있을 것이다.

이제는 차츰 눈을 떼지 못할 시기가 된다.

아기의 발육에는 '기다림'이 없어 지금 당장은 하지 못했던 일을 다음 순간에는 하게 된다는 것을 이쯤에서 육아에 대비하는 한 항목으로 추가해야 한다.

아기를 뒤집게 할 때는 딱딱한 곳을 선택한다. 푹신푹신한 침대 위는 아기가 지쳐서 얼굴을 처박는 등 예기치 못한 사고의 원인이 될 수도 있다. 또 엎드려 노는 동안에는 어머니가 시야에 닿는 가까운 위치에 있어주는 것도 사고예방의 원칙이다.

아무튼 자기의 의사로 몸을 움직일 수 있는 것이 기뻐서 어쩔 줄 모르는 마음을 어머니는 잘 이해하고 도와주는 일이 중요하다.

눈에 보이는 물체에 손을 내민다

시력이 0.02~0.05정도까지 좋아진다. 또 이 시기가 되면 먼 곳에서 가까이 다가오는 물체를 포착해서 볼 수 있게 된다.

먼 곳을 응시할 수 있고 색의 분간을 약간은 할 수 있고 사람의 얼굴도 분간할 수 있다. 자기가 인식한 색깔이나 물체에 대해서 흥미를 보이게(손을 뻗거나 잡거나) 된다.

다시 말해서 눈과 손의 공동운동을 할 수 있도록 대뇌의 배선配線이 이어진 것이다.

눈앞에서 장난감을 흔들어 보이면 손을 내밀어 잡아당기거나 잡아보려고 움직이지만 뻗은 손이 허공을 잡는 수도 있다. 아직까지는 미세조정微細調整의 기능까지는 완성되지 못한 것이다.

그러나 아기는 자기가 본 물체를 잡거나 가지고 노는 즐거움을 터득하고 크게 만족한다.

사람의 목소리가 나는 방향으로 돌아본다

이름을 부르면 느리기는 하지만 얼굴을 소리가 나는 방향으로 돌리거나 돌아보거나 한다. 또 귀에 익은 소리와 귀에 선 소리도 차츰 분간할 수 있게 된다.

TV의 음향이나 자명종 소리, 문을 여닫는 소리 등 귀에 익은 일상적인 소리에는 안도하는 표정으로 돌아보지만 뜻밖의 음이나 귀에 선 음향이 들리면 긴장된 표정으로 확실하게 소리가 나는 쪽으로 얼굴을 돌린다.

가끔 어머니가 상냥한 목소리를 들려주자. 어머니를 비롯한 주위 사람들이 걸어주는 말소리가 무슨 말인지 알아 듣지는 못해도 포근한 마음을 길러준다.

이 무렵부터 서서히 성격의 특징이 보이기 시작해서 낙천적인 아이와 신경질적인 아이의 차이가 육아하는 가운데에서 느껴진다.

어머니는 10인 10색이라는 말을 이쯤에서 알아두면 뒷날 마음이 편안해질 것이다.

체중의 증가가 느려진다

신생아기 후반부터 하루 평균 20~35g이라는 굉장한 증가를 보이던 체중이 이 월령에 들어서면서부터 느려진다.

체중증가 곡선이 완만해진 뒷받침으로는 공복감과 식욕의 분화分化를 들 수 있다. 이것이 심해지면 '우유를 꺼리는 버릇'이 생기는데 생후 2~3개월이 지난 아기는 공복감과 식욕이 분화되어 시장하기는 하지만 강제로 먹이려하면 먹기 싫어하거나 주위 자극의 영향으로 식욕을 잃는 경우가 서서히 늘어날 것이다.

반사적으로 먹던 신생아기, 혹은 공복감의 포로가 되어서 젖을 넘기는 현상이 나타날 만큼 젖을 잔뜩 먹던 1~2개월 무렵과는 젖을 먹는 방법도 달라질 것이다. 이러한 현상을 이해하면 체중증가가 느려졌다고 걱정하지 않아도 될 것이다.

울음소리는 아기의 언어

침팬지가
외치는 소리를 닮은 '첫울음소리'

인간은 동물에 비하면 고도로 발달된 발성기관發聲器官을 가지고 있다. 특히 인후는 목소리의 근원으로서 대단히 훌륭한 기능을 지니고 있다.

그런데 아기는 태어남과 동시에 '첫울음 소리'를 내는데 출생 시에 목소리를 낼 수 있는 것은 태아기에 발성기관이 완성되어 출생한다는 의미이기도 하다.

태아기의 일을 잠깐 돌아보면 5~6주가 된 태아는 인후의 위치가 머리의 바로 아래에 있고 5개월이 되면 네 번째 목뼈로 내려간다. 7개월이 되면 인후는 여섯 번째 목뼈 언저리로 내려가는데 이 상태로 '탄생'한다.

발성기관의 진화는 거의 완료되어 출생하기는 하지만 신생아의 인후에는 아직 안쪽의 공간이 없고 연구개(軟口蓋: 목젖이라 부르는 부분으로 발성이나 말을 할 때 공명체共鳴体의 역할을 하는 것)가 발달하지 못했기 때문에 나오는 목소리가 마치 침팬지가 외치는 소리와 흡사하다고 한다.

'첫울음'은 폐호흡으로 전환되는 순간에 폐를 확장시키기 위한 최초의 호흡에 수반해서 반사적으로 나오는 목소리이므로 아기가 무의식중에 내는 외침이다. 그것이 인후의 구조가 아직 미분화해서 침팬지의 인후와 흡사하기 때문에 마치 침팬지가 외치는 소리처럼 들리는 것이다.

뇌가 발달하면 울음소리가 달라진다

울음소리는 뇌의 발달과도 밀접한 관련이 있다. 동물 중에서도 인간은 가장 미숙한 뇌를 가지고 태어난다는데 이것은 울음소리와도 연관이 있어 신생아기의 울음은 거의 본능이다.

뇌의 오래된 피질皮質의 발령發令으로 시장기, 통증, 불쾌감 등으로 인해서 나오는 울음소리다.

그러나 울음소리는 아기의 발육에 따라 달라진다.

울음소리가 달라지는 것은 성숙하지 못했던 인후나 연구개가 발달되었기 때문만은 아니고, 뇌가 발달되었기 때문에 외부로부터 받은 자극에 반응하거나 자기의 의사를 전하고 싶은 바람이 생겼기 때문이다.

아기는 옹알이를 시작하면 우는 횟수가 줄어드는데 이러한 현상으로 봐서도 아기가 우는 것은 '그저 우는 것'이 아니라 우는 행위 속에 여러 가지 의미를 담고 있음을 알게 될 것이다. 울음소리는 아기의 언어이며 무엇인가를 말하려는 것이므로 간과하지 말기 바란다.

울음소리는 음정音程이나 리듬으로 구분한다

신생아기의 아기가 우는 원인은 시장기와 불쾌감이 대부분이며 우는 방법은 거의 멜로디가 없는 단조로운 울음이다.

신생아기에 심하게 울 때에는 무엇인가 이상(이를테면 장내에 가스가 차서 배가 아프다)이 있다고 생각해도 된다.

그런데 1~2개월이 지나면 각자의 조건에 따라 우는 방식(리듬이나 음정)이 달라진다.

다시 말해서 단조로운 울음소리에 음정이나 리듬의 폭이 생겨 신생아기와 같이 단지 전신으로 울어대는 것이 아니라 부드럽고 매끄러운 목소리를 낼 수 있게 된다.

이것은 목소리를 내기 위한 호흡근呼吸筋이나 인후 근육의 움직임이 좋아졌기 때문인데 이 무렵에는 시장기나 졸음 등의 전신적인 욕구나 배가 아프다, 괴롭다, 기저귀가 젖었다, 춥다, 덥다 등의 불쾌감에 대한 하나의 사인sign으로 우는 것이다.

생후 3개월쯤 되면 응석과 같은 울음도 추가된다.

울음소리의 지속시간

(린드 등에 의함)

	통증	배고픔
0~1개월	1.5~2.6초	0.6~1.3초
1~7개월	1.1~2.7초	0.6~1.2초

★ 아기는 아프면 길게 운다. '아파~' 라는 느낌이랄까....

울음소리의 높이

(숫자는 Hertz/Hz)

	통증	배고픔
0~1개월	80~530	40~470
1~7개월	80~530	70~500

★ 아플 때는 소리를 지른다.

울음소리의 멜로디

멜로디	0~1개월		1~7개월	
	통증	배고픔	통증	배고픔
상승~하강	23%	78%	18%	81%
하강	62%	1%	77%	4%
상승	8%	——	2%	——
평탄	2%	11%	3%	1%

또 생후 5~6개월이 되면 자기의 감정이나 정서를 울음소리로 표현할 수 있게 되어 울음소리를 크게 하거나 작게 하거나 가끔 간격을 두고 주위의 반응을 살피면서 효과적으로 우는 방법도 터득하고 음역도 한 옥타브 반으로 넓어지므로 다채로운 목소리로 어머니에게 다가간다.

그러나 이 무렵에는 어머니도 제법 아기를 다루는 방법이 익숙해졌기 때문에 아기가 무엇을 요구하는지 그 우는 방식이나 울음소리로 판단할 수 있을 것이다.

아기의 울음소리를 분간하는 척도로 울음의 지속시간, 크기, 멜로디 등의 도표를 위에 게재했다.

침 흘림은 '건강'의 상징

4개월 무렵부터 침을 많이 흘리게 된다.

예로부터 '침을 많이 흘리는 아기는 건강한 아기'라는 말이 전해지는데 식욕이 왕성한 아기일수록 침을 많이 흘리는 점으로 미루어보면 확실히 '건강한 증거'라고 말할 수 있다.

과즙을 마시거나 이유식을 먹거나 하면 타액(唾液 침)은 늘어나는데 아직 입 속에 고인 침을 삼키는 동작은 서투르기 때문에 군침이 되어 입 밖으로 흘러나오는 것이다. 이 시기의 아기에게는 당연한 생리현상이다.

군침이 많아져도 걱정할 필요는 없지만 평소에 침을 별로 흘리지 않던 아기가 갑자기 침을 흘리고 식욕이 없거나 기분이 나쁠 때 등에는 구내염口內炎이 생기지 않았는지 살펴보아야 한다.

그림) 침 흘리는 아기

5개월 ~ 6개월

딱딱한 물체가 입술 사이로 들어가면 혀끝으로 그것을
밀어내는 반사를 설정출반사(舌挺出反射: 혀로 밀어내는 반사)라고
하는데 이런 반사가 없어지고 딱딱한 형태의 식품을
받아들이는 기능이 발달한다.
이 시기가 되면 이제 이유식으로의 전환을 아무 저항 없이
할 수 있다.
체중의 증가는 더욱 느려져 하루 평균 체중 증가량은
10~15g정도로 되는데 운동기능의 발달이 눈에 띄고 이리저리
돌아 눕거나 가까이에 있는 물체를 확실하게 잡는 등의
동작을 할 수 있게 된다.

지능의 발육도 왕성해서 '기억'도 할 수 있게 되므로 가족과 타인을 분간한다. 그 때문에 '낯을 가리는' 아기도 있다.

남을 경계하는 방법도 기억하게 된 셈이지만 한편 가족에 대한 신애의 정은 두터워지고 얼러주기를 기대하거나 기대가 무너지면 응석울음을 우는 행동이 시작된다.

'둥개둥개 우리 아기'를 몇 번 반복해주면 기쁨을 감추지 못해 깔깔거리면서 웃는 것도 이 무렵부터인데 이것은 반복되는 동작을 예측해서 기대하는 마음이 싹텄기 때문이다.

이제는 '아기의 기대를 저버리지 않는 어머니'가 되어야 한다.

낯가림을 겁내지 말고

가족과 타인을 분간할 수 있게 되고 경계심도 싹튼 아기는 엔젤의 미소를 머금던 무렵에 비하면 약간 다루기 어려운 존재가 된다. 타인에 대한 낯가림뿐 아니라 기분이 좋은가하면 어느새 칭얼거리는 경우도 있어 어머니를 당혹하게 만든다.

그러나 이것은 변덕스러운 성격 때문이 아니라 사물에 대한 판단력이 제법 정확해진 증거이므로 어머니는 꽁무니 빼지 말고 이 낯가림의 고비를 적극적으로 극복하는 노력을 하기 바란다.

호기심을 만족시키는 옥외산책을 시키거나 도로나 공원 등에서 가족 이외의 사람들과 접촉할 기회를 되도록이면 많이 만들어주는 등의 노력을 아끼지 말자.

그림) 아기를 안은 엄마와 아빠

혼자 노는 시간도 만들어주자

자기의 동료로 생각하는 사람이 얼러주면 매우 기뻐하고 '둥개 둥개 우리 아기' 등의 놀이를 반복해주기를 원한다.

기억을 할 수 있게 되었으므로 같은 동작이나 멜로디의 반복을 기대하거나 확인하는 것이 기쁜 것이다.

얼러주면 자기와 상대해주는 것을 기뻐하는 시기임과 동시에 활발해진 손의 움직임을 이용해서 혼자 놀 수 있는 시기이기도 하다. 손에 든 장난감을 흔들며 놀거나 종이를 찢거나 해서 꽤 오랜 시간 동안 혼자서 놀 수도 있으므로 함께 놀아주거나 혼자서 놀게 하는 식으로 생활에 변화를 주도록 하자.

★ 신체 ★

돌아 눕거나 앉을 수 있다

운동기능이 급속히 발달하기 시작하는 데 반비례해서 체중의 증가는 둔해진다. 몸 전체의 신경이나 근육의 발달이 좋아져서 돌아 눕거나 앉을 수 있게 된다. 그렇기는 하지만 운동기능의 발달에는 상당한 개인차가 있으니 이 시기에 돌아 눕지 못하거나 혼자 앉지 못한다고 해서 걱정할 필요는 없다.

5개월째에 접어들면 갑자기 돌아 눕게 된다는 것은 아니다. 아기는 이미 3~4개월부터 몸을 조금씩 움직여 돌아 눕거나 혼자 앉는 동작의 변화에 대비한다. 이 월령에 들어와서도 그대로 누운 채 조금도 몸을 움직이지 않을 경우에는 어딘가 문제가 있음을 예상해도 좋지만 몸을 좌우로 흔들거나 옆으로 돌려는 움직임을 보이면 돌아 눕는 동작은 이제 시간문제라고 생각해도 무방하다.

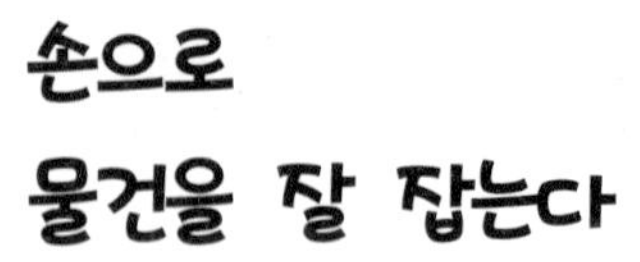

손의 움직임이 더욱 활발해진다. 눈과 손의 공동운동도 꽤 고도로 발달하여 가까이에 있는 물건을 확실하게 잡을 수 있게 된다. 또 한 번 잡은 물건은 좀처럼 놓으려 하지 않는다.

손의 동작뿐 아니라 힘도 강해지고 있음에 놀라움을 금치 못하는 것도 이 무렵이다.

뒤집게 하면 머리뿐 아니라 상반신을 제켜서 두 손을 짚어 몸을 지탱한다.

자기가 입고 있는 옷을 손으로 잡고 잡아당기거나 머리맡의 거즈나 수건을 잡고 흔들며 노는 방법을 터득한다.

가끔 거즈나 수건을 자기의 얼굴 위에 덮어씌우는 일이 생기기도 하는데 그것을 스스로 걷어내려고 애를 쓰다가 잘 되지 않으면 울음으로 호소한다.

몸을 움직이게 되니 사고에 주의하자

손에 잡은 물건은 무엇이건 입에 넣으려고 하는 시기이기도 하다.

아기가 누워만 있는 동안에는 물건을 잡을 수 있는 행동반경이 아기의 팔 길이 뿐이었으나 혼자 앉거나 돌아 누울 수 있게 되면 동체의 길이만큼, 혹은 몸을 빙그르르 회전시키는 분만큼 행동범위가 넓어진다. 설마 닿지 않겠지... 하는 설마가 사고의 원인이 된다.

자기의 옷에 달려있는 단추나 방바닥에서 돌아 눕는 순간 손에 닿는 담배와 같은 물건을 손에 잡히는 대로 입에 넣는다.

지금까지 하지 못했던 동작을 다음 순간에는 할 수 있을 만큼 운동발달이 눈부신 시기라는 것을 염두에 두고 아기에게 위험한 물건은 신장의 두 배나 세 배만큼 떨어진 곳에 놓아두도록 하자. 아기 몸 주위를 다시 한 번 점검해보자.

6개월 ~ 8개월

'낯가림' 단계가 일단 끝나면 아기는 타인의 존재를 인정하고
그에 동화되려고 서서히 사회성社會性을 발휘하기 시작한다.
동물이나 자동차 등 옥외에서 눈에 띄는 물건에 흥미를
보일뿐 아니라 공원에서 놀고 있는 아이들의 모습에 몸을
내밀어 다가서려하는 등의 동작을 시도한다.
또 그 한편으로는 가장 사랑하는 어머니에게서 떨어지기를
불안하게 생각하는 마음(분리불안分離不安)도 싹터 어머니의 곁을
떨어지면 울음을 터뜨린다.
7개월에 접어들면 '모방模倣'이 시작되어 어머니나 가족들의
동작을 꼼꼼히 관찰하거나 그것을 진지한 표정으로 흉내
내거나 한다.

이 모방은 아기의 신경과 근육이 총합적으로 작동하지 않으면 할 수 없으므로 흉내를 내기 시작했다는 것은 아기가 정상적으로 발육하고 있다는 반증이기도 하다.

두 손으로 동시에 물건을 잡을 수 있게 되어 손에 든 물건을 부딪쳐서 소리를 내거나 책상을 두 손으로 투당투당 두들기며 즐거워하기도 한다.

이 시기에는 대부분의 아기가 혼자 앉을 수 있어, 앉아서 음식을 먹거나 놀거나 하는 생활이 시작된다.

★ 마음 ★

소리를 분간하고 정서적으로 반응한다

6개월이 지나면 시력은 0.06~0.08정도로 좋아져서 가까운 거리라면 탁구공만한 물건이라도 충분히 눈으로 추시追視할 수 있다.

청력聽力은 마음의 발육과 나란히 발달하여 소리의 분간이나 음성에 대한 정서적인 반응이 진전된다.

6개월 아기에게서는 친근한 사람이 말을 걸어주거나 노래를 불러줄 때면 그 사람의 얼굴을 빤히 쳐다보기도 하고, 말을 걸어주면 의식적으로 돌아보는 동작을 볼 수 있다.

또 7개월 아기는 걸어주는 말에 대해서 자기도 목소리를 내어 응답하거나, 꾸지람을 듣거나 갑자기 귀에 선 커다란 소리가 들리면 대단히 놀란 표정을 보이거나 울음을 터뜨리는 감정이 풍부한 반응을 나타낸다.

또 꽤 멀리서 들려오는 사물의 음향, 이를테면 옆방에서 들려오는 희미한 소리나 집 밖에서 개가 짖는 소리나 고양이 울음소리가 들리면 '이게 무슨 소리인가?'하고 의아하게 생각하는 표정을 보이는 것도 이 무렵이다.

단순히 소리가 들리던 시기에서 소리를 분간하고 반응하는 시기로, 아기의 발육은 2개월 단위로 진행된다.

어머니 편에서 뒤처지지 않도록 아기의 반응 등을 육아 중에 잘 관찰하도록 하자.

의사를 행동으로 표현하기 시작한다

5개월 무렵부터 시작된 '낯가림'이 더욱 심해지는 일도 있어 낯선 사람의 얼굴을 보기만 해도 울음을 터뜨리거나 어머니의 가슴에 파고들어 그 사람에게서 달아나려 하는 경우도 있다.

낯가림이 오래 계속되면 이 아기는 장래 사회성이 없는 아이가 되지나 않을까 하고 걱정하기 쉬운데 이것은 사회성과는 다르다. 다만 어머니와 단 둘만 지내는 폐쇄적인 생활을 오래 계속하면 사회성이 싹트는 시기가 더뎌지거나 발육불량으로 이어지는 수도 있다.

또 낯가림이 심한 아기라도 아기는 경계하지 않는다. 손을 내밀거나 상반신을 내밀어 가까이 가려는 행동이 보이면 그 관심을 소중하게 길러나가도록 어머니가 협력하자.

공원 등에서 옆에 있는 아기에게 '아가의 친구가 되어주겠니?'하고 어머니가 말을 걸어주면 아기는 크게 만족할 것이다.

'둥개둥개 우리 아기'하면 소리를 내서 웃고 때로는 간단한 동작을 흉내 낸다. 욕심나는 물건에는 손을 내밀거나 '어~ 어~'라던가 '부~ 부~'라는 소리를 내서 요구하는 등 제법 능동적인 행동이 두드러진다.

먹기 싫은 음식, 마시고 싶지 않은 것에는 고개를 돌리거나 손으로 밀어내거나 입을 잔뜩 다물고 '절대거부'의 태도를 보이기 시작하는 것도 이 무렵부터다. 자기의 의사를 행동으로 나타내는 것이다.

★ 신체 ★

혼자 앉기와 뒷걸음질을 시작한다

등받이가 있는 의자에 기대 앉혀주면 잠시 동안은 그대로 자세를 유지하지만 오랜 시간 상반신을 지탱하지는 못한다. 아직 등 근육이 충분히 발달하지 못했기 때문이다. 이 시기에는 무리하게 앉히는 일이 없도록 삼가자. 어른이라면 쉽게 할 수 있는 일이라도 아기에게는 고통스러운 일일 경우가 있다.

팔의 근육은 제법 발달해서 엎어놓으면 팔로 버티고 고개를 든다. 7개월에 접어들면 등받이가 없어도 앉거나 네발걸음으로 뒷걸음질을 할 수 있게 된다.

몸 자체의 발육 곡선은 완만해지는데 반해 운동능력이나 지혜의 발달은 두드러지는 시기이다. '정靜'의 존재였던 아기가 아주 근소한 시간이라고는 하지만 이동이 가능한 '동動'의 존재로 변신해간다.

자기의 손으로
쥐고 먹는 기쁨을 알게 된다

지금까지는 오로지 상대방의 작용만 기대하던 아기가 이 무렵부터는 스스로 작용을 시도하게 된다.

어머니가 다가서면 눈웃음을 치거나 소리를 내거나 손을 내밀거나 한다.

차츰 손을 사용하는 방법도 터득해서 딸랑이 등 손에 든 장난감을 스스로 흔들어 소리를 내며 놀거나 젖병을 자기 손으로 잡고 먹을 수 있게 된다.

7개월에 접어들면 손에 들려준 음식을 입으로 가져갈 수 있고 비스킷 등을 들려주면 느린 동작으로 입에 넣는다.

자신의 손으로 맛있는 음식을 먹는 기쁨을 아기는 이제 알게 되는 것이다.

다소 안타깝게 생각되더라도 자기 손으로 먹는 기쁨을 아기에게서 빼앗지 말고 천천히 맛볼 수 있게 협력해주자.

8개월 ~ 10개월

시각이나 청각의 발달과 감정의 발달이 합치되어 사물에
대한 이해나 인식을 바르게 할 수 있게 된다.
장난이 지나쳤을 때 어머니의 나무라는 소리나 '우리 아기
착한 아기'하고 칭찬해주는 상냥한 목소리를 눈과 귀뿐 아니라
정황으로 판단해서 반응을 보인다.
자기를 인정해주기를 바라는 의사표시도 시작되어 먼저 말을
걸거나 어머니의 모습을 찾아서 울음을 터뜨리거나 하는데
이러한 아기로부터의 작용이 있으면 그 의사를 충분히
받아들여 아기가 만족할 때까지 상대해 주도록 하자.

어머니가 자기를 인정해준다, 또는 만족하게 대해준다 하는
안도감은 아기의 심신을 풍요롭게 길러주는 소중한 일이다.
'처음부터 요구하는 것을 모두 들어주는 것은 아기의 버릇을
잘못 들이는 것이다.'라는 속 좁은 사고방식은 결코 현명한
사고방식이 못된다.
자기가 먼저 행동으로 보여주는 이 시기가 되면 각자의
성격적인 특징이 뚜렷해진다.
어머니는 아기의 성격도 면밀히 관찰한 뒤 차츰 일관된
습관으로 길러주어야 한다.
귀엽다는 마음만으로 보호하던 시기에서 사람의 자식으로
길러내는 시기로 전환해나가야 하는 과도기이다.

★ 마음 ★

간단한 말을 알아들을 수 있다

먼지나 실오라기까지 집어든다는 것은 그만큼 시력도 좋아졌다는 증거이기도 할 것이다.

9개월이 지나면 안구眼球나 안근眼筋 등 눈 전체의 기능이 성숙해진다.

어지간히 작은 물체의 빛깔이나 형태도 시각적으로는 정확히 인식할 수 있게 되는 것이다.

시력은 마음이나 정서의 발달에 수반해서 그 반응의 방식에 변화가 나타난다.

8개월 아기는 모방이 끝나고 동물의 울음소리를 흉내 내고 기뻐하거나 '안 돼!'라고 제지하는 말을 듣고 깜짝 놀라서 손을 빼거나 한다. 또 작은 소리에도 반응을 하게 되어 똑딱똑딱 하는 시계의 초침 소리에도 소리가 나는 쪽을 돌아보거나 한다.

9개월에 접어들면 자동차나 오토바이, 빗소리 등 집 밖에서 들려오는 음향에 반응해서 창문이 있는 곳으로 다가간다.

또 제스처 없이도 말을 분간할 수 있게 되어 '이리 온'이라던가 '안녕'이라던가 하는 단순한 말에 반응해서 스스로 행동하게 된다.

자신이 좋아하는 음악이나 노래에 손발을 움직여 기쁘다는 정서적 반응도 표시하게 된다.

이리하여 아기가 먼저 가족의 일원으로서의 반응을 나타내기 시작한다.

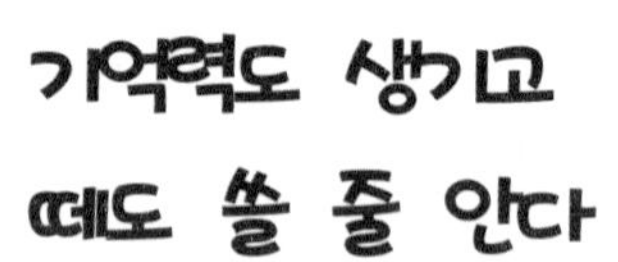

사람의 얼굴을 분간하는 능력이 기억력의 발달에 수반해서 제법 확실해진다.

이를테면 마음에 맞지 않는 추억(통증이나 불쾌감)으로 이어지는 사람을 잘 기억하고 있어 그 사람의 곁으로 보내지면 달아나려하거나 울음을 터뜨리거나 하는 것도 이 무렵부터이다.

주사(예방접종 포함)를 놓은 의사의 모습이 아팠던 추억으로 이어져 흰 옷을 입은 사람을 보면 울음을 터뜨리거나 달아나려고 하는 것도 이 무렵부터다.

또 자아의식도 싹트기 시작해서 탐나는 물건을 보면 잡으려하고 마음에 들지 않는 것을 밀어내거나 울거나 하는 자기 멋대로의 행동도 눈에 띈다.

그러나 이 무렵 제멋대로의 행동은 사물을 이해하고 있으면서 떼를 쓰는 것과는 성질이 전혀 다르다.

'자아自我'의 정체도 파악하지 못하는 이 시기 아기의 제멋대로인 행동은 아직 본능적인 것으로 대처해야 할 것이다.

기억력을 수반한 지혜의 계발도 좋아져 어른의 말소리나 동작을 그대로 흉내 내기도 한다.

아기의 목소리를 흉내 내면 그것을 다시 흉내 내서 반복하고 책상이나 장난감을 두들기면 아기도 따라서 두들긴다.

봉제품 동물인형을 쓰다듬어주면 아기도 그 인형을 쓰다듬어 준다.

★ 신체 ★

운동기능의 발달이 왕성해지는 시기이다

대부분의 아기가 안정된 자세로 혼자 앉을 수 있게 된다. 또 허리의 근육이 발달되어 기엄기엄 기기 시작하는 아기나 허리만 받쳐주면 한동안 서있는 아기도 있다.

9개월째에 접어들면 기는 동작이 제법 왕성해지고 자기가 생각하는 스타일로 집 안을 전진하거나 후진한다.

기어 다니는 스타일에는 실로 여러 가지 모양이 있다. 처음에는 대개 후진만하다가 이윽고 평영 breast stroke이나 접영 butterfly과 같은 동작으로 앞으로 나아가기도 한다.

최근에는 기는 시기를 거치지 않고 지나버리는 아기도 증가했다고 하는데 발달의 일단락이 빠졌다고 해서 흠잡을 필요는 없다.

다만 자연스럽게 기어 다니기 시작하면 다리와 허리의 근육이 모르는 사이에 더욱 발달될 것이라는 점에서 차선이라 생각하면 될 것이다.

운동기능의 발육이 좋은 아기는 잡고 일어서고 서서히 무엇인가를 잡고 걷기도 한다.

공과 같은 장난감을 파드닥거리며 기어서 쫓을 때에는 꽤 빠른 속도가 나오므로 굴러 떨어지는 낙상 사고 등에 주의를 기울이지 않으면 안 된다.

손의 운동기능도 발달하여 두 손에 잡고 있는 물건을 마주치게 할 수 있다.

손 끝 특히 엄지손가락과 집게손가락이 잘 움직이게 되어 작은 물건을 방바닥에서 집어 입에 넣기도 한다.

어른의 눈에는 잘 띄지 않는 방바닥의 작은 먼지나 실오라기, 압정, 클립 등을 찾아내어 가지고 놀기 때문에 아기가 점유하는 공간은 구석구석까지 말끔히 치워두는 것이 사고방지를 위해서도 매우 중요하다.

10개월 ~ 12개월

눈사람 식 체중증가로부터 죽순 형으로 이행하는 시기이므로
체중보다 신장의 증가가 눈에 띈다.
아기다운 모습이 차츰 사라지고 몸집도 유아幼兒에
가까워지는데, 정신면의 성장도 현저하고 기억력이나 상상력,
예감 등이 발달한다. 이러한 정신면의 발달에 수반해서
공포심이나 불안 등 새로운 정신면도 싹튼다.
신체의 평형기능平衡機能이 발달되어 물건을 잡고 일어서는
동작과 잡고 걷는 동작도 잘 하게 된다.
11개월에 접어들면 손을 놓고 혼자 설 수 있는 아기도 있고,
조숙한 아기라면 한두 발씩 걸을 수도 있다.

'보행步行'의 준비가 이 시기에 착착 진행되는 것이다.

또 이 무렵에는 언어의 발달도 왕성해서 10개월 무렵에는

의미가 담긴 한 마디의 말 '엄마' '맘마' '빠빠' 등의 말을 할

수 있게 된다.

11개월에 접어들면 언어의 수가 점점 늘어나 언어를

가족과의 소통 수단으로 사용할 수 있게 된다.

인간으로서 융합되기 위한 여러 가지 준비가 작은 몸속에서

활발하게 진행되는 것이다.

의존심 외에 독립심도 싹트기 시작한다

가족, 특히 어머니에 대한 의존도가 높아져 어머니의 품에서 떨어지기 싫어하는 시기이다.

정신면의 발달에 수반해서 감정의 양상도 복잡해져서 양친에게 의존하려는 반면 독립심도 왕성하게 작용한다.

홀로서기, 홀로걷기 등 자기 혼자서 무엇인가 할 수 있다는 자신감이 독립심을 왕성하게 해줄 것이다.

어머니의 품에서 떨어지지 않으려 하는가하면 안고 있는 팔 사이로 빠져나가기도 한다.

오직 어머니의 품속에서 조용히 의존만 하던 시기는 지나버린 것이다.

불안감이나 공포심이 싹터 갑자기 겁에 질려 울음을 터뜨리기도 하는데 그럴 때에는 포근히 안아서 마음을 안정시켜주는 것이 중요하다.

11개월에 접어들면 호기심이 싹트기 시작해서 주위의 물건을 만지거나 잡거나 잡아당기거나 해서 납득할 수 있을 때까지 만지거나 관찰한다.

잠이 들었을 때 이외에는 가만히 있지 못하는 시기이므로 아장아장 걸음마를 하거나 의자나 소파에 올라갔다 내려갔다 하는 놀이를 반복하는 등 혼자 노는 시간이 많아진다.

위험한 짓은 분명하게 제지하지 않으면 안 되지만 그 이외에는 되도록 자유롭게 행동하도록 도와주자.

한 음절의 말을 할 수 있게 된다

'엄마' '맘마' '부~ 부~' '멍멍' '때때' 등 의미가 담긴 한 음절의 말을 할 수 있게 된다.

이 무렵을 단순 언어 시기라고 하는데 한 음절의 말로 이야기를 대신하는 것이다.

그러기 때문에 '부~ 부~' 라는 말은 '자동차가 달린다'는 경우나 '자동차를 보고 싶다'는 경우에도 사용한다.

이 시기는 아기가 말한 한 음절의 말을 바르게 해석해서 대응하지 않으면 아기는 요구가 충족되지 못한 채 안달이 나거나 히스테릭 hysteric해지는 경우도 있다.

말을 시작할 무렵 어머니의 대응방법으로는 되도록 또랑또랑한 발음으로 정확한 말을, 그리고 될 수 있으면 제스처를 겸해서 아기에게 말을 걸어주자. 그리고 아기가 말을 할 때는 귀 기울여 들어주도록 하자.

그림) 아기의 한 마디 말에는 여러 의미가 있다

고의적으로 아기가 하는 말을 따라서 사용할 필요는 없다.

정확한 말로 공손히 말하는 습관을 기르도록 노력하자. 어머니가 들려주는 또랑또랑한 말을 날마다 들으면서 자란 아기는 머지않아 또랑또랑한 말로 풍부한 대화를 할 수 있는 사람으로 성장하게 될 것이다.

어머니가 들려주는 말을 이해할 수 있다

11개월이 되면 '공 좀 주세요.'하고 말하면 공을 건네주거나 '고양이가 어디에 있지?'하고 물으면 고양이가 있는 쪽을 손으로 가리키거나 그 쪽을 돌아보거나 한다.

아직은 충분한 대화가 이루어지지는 못하지만 언어를 사용해서 가족과 의사소통을 할 수 있게 된다. 말하는 것은 충분하지 못하지만 어른이 하는 말은 제법 이해할 수 있다.

다만 걷기 시작하는 시기와 마찬가지로 종알거리기 시작하는 시기에도 상당한 개인차가 있다.

한 살이 지나서도 좀처럼 말을 하지 못하면 걱정하는 경우가 있다. 하지만 대개의 경우는 걱정할 필요가 없다.

말이 더뎌질 경우의 걱정은 난청難聽이다.

난청일 경우에는 될 수 있는 대로 빨리 발견해서 보청기를 사용하는 등 대책을 강구하지 않으면 지능발달 면에서 마이너스가 되기 쉬우므로 청력테스트 등으로 점검해보도록 한다.

청력이나 뇌신경에는 아무 이상이 없는데 말을 하지 못하는 경우에는 말을 많이 들려주며 충분히 기다리자. 그러는 동안 갑자기 말문이 트이는 경우도 흔히 있는데, 이런 경우에는 지금까지 쌓였던 말이 한꺼번에 터져 나오는 느낌으로 처음부터 많은 말을 사용해서 이야기하는 예도 찾아볼 수 있다.

음악의 리듬에 반응을 보인다

TV나 오디오 등 음악의 리듬에 맞춰 몸을 움직이거나 손을 흔들거나 해서 반응을 나타낸다. 특히 TV의 광고처럼 반복해서 들을 기회가 있는 음악에는 반응을 잘한다.

그림책을 들여다보거나 크레파스나 연필로 종이에 끼적거리는 데 흥미를 갖는 것도 이 시기의 일이다.

아직 그림책의 내용은 이해하지 못하지만 페이지를 넘겨 그림이 달라지는 것을 알게 되면 차츰 그림에도 흥미를 갖게 된다.

각 부분의 발달 시기를 소중히 여긴다는 의미에서 자유롭게 낙서할 수 있는 큼직한 종이를 주거나 벽면 일부에 마음대로 그릴 수 있는 공간을 만들어주면 기뻐할 것이다.

그림) 음악의 리듬에 맞춰 몸을 움직이는 아이

잡고 일어서기, 잡고 걷기를 할 수 있다

체중의 증가가 둔화되는 것과는 반대로 신장은 눈에 띄게 빨리 자란다.

11개월 하반 경에는 체중은 출생 시의 약 3배로, 신장은 약 1.5배로 증가해서 유아幼兒의 체형에 가까워진다.

팔등신의 늘씬한 몸매가 되려면 아직도 요원하지만 머리와 몸의 비율이 1:4.5가 되어 서서 걷기에 적합한 체형으로 조금씩 바뀌어간다.

다리, 허리 등 하반신의 근육이 발달하고 평형감각이 좋아졌기 때문에 홀로서기나 홀로 걷는 동작을 할 수 있게 된다.

10개월 무렵에는 의자나 테이블 등 잡고 일어서기에 적당한 물건을 찾아 스스로 잡고 일어서거나 그것을 잡고 걸음마를 시도한다.

가끔 실수해서 엉덩방아를 찧을 때면 비단 가족이 아니더라도 웃음을 감출 수 없을 만큼 그 모습이란 매우 귀엽다.

털썩 엉덩방아를 찧고는 다시 일어나고 또 털썩 엉덩방아를 찧고는 다시 일어나는 동작을 끈기 있게 계속한다. 이렇게 해서 한 달쯤 반복하는 사이에 다리나 허리는 점점 단련되어 탄탄해지고 평형감각도 단련된다.

그리고 11개월에 접어들면 이제 아무것도 의지하지 않고 혼자 걷기 시작하는 아기도 있다.

그림) 기고, 잡고 서고, 걷는 아기

일찍 걷는다고 초인超人이 되는 것은 아니다

걷기 시작하는 평균연령은 14개월인데 걷기 시작하는 시기는 개인차가 대단히 크기 때문에 대개 18개월 정도에 걷기 시작하기만 하면 된다.

'섰으면 걸어야지.'하는 어버이의 욕심 때문에 빨리 걸어야지, 빨리 걸어야지… 하고 어머니 마음이 더 설레기 쉬운데 빨리 걷는다고 그만큼 더 우수한 것은 아니다.

대개 체중이 50%이하이며 근육질 형인 아기가 빨리 걷는 것 같다. 흔히 살집이 통통하고 체격이 좋은 아기는 걷는 것이 더뎌지기 쉽다.

걷는 것이 3개월이나 반년쯤 더디다고 해도 장래의 보행에는 아무 지장이 없으니 부모는 너무 조급하게 생각하지 않아도 된다.

서구의 문헌에도 4개월 된 아기의 보행 기록이 있는데 우리나라에서도 몇 해 전에 실제로 4개월 된 아기가 걷기 시작한 예가 있기는 하다.

이 아기를 계속 추적한 의사의 보고서에는 '성장하니 보통사람'이 되었다고 보고되어 있으므로 일찍 걷는다고 '보행에 강한 선수'가 되는 것도 아니라는 것을 입증해주고 있다.

아기의 발육은 대개 그런 것이어서 다른 아기보다 무엇인가를 몇 개월 빨리 할 수 있게 되었다할지라도 오랜 세월이 경과하면 언젠가는 일반화되는 것이 보통이다.

근육만 발달한다고 해서 걷는 것은 아니다

다리나 허리의 근육만 발달하면 빨리 걷지 않겠느냐고 생각하는 사람도 있을 것이다.

물론 근육이 발달하지 않으면 걸을 수 없으니 근육이 발달하는 것보다 더 좋은 일은 없겠지만 그것만으로 걸을 수 있는 것은 아니다.

이것은 보행뿐 아니고 기거나 서는 아기의 운동이나 동작 모두에 공통되는데 동작이나 운동에는 코디네이션(coordination 협력운동)의 좋고 그름이 문제가 된다.

앉는 동작이나 일어서는 동작에도 다리, 허리, 등, 배, 혹은 상반신이나 팔, 목, 머리에 이르기까지 신체 각 부분의 근육과 관절이 끌어당기거나 늦춰주거나 밸런스를 잡는 협조를 함으로써 비로소 그 동작이나 운동이 가능해지는 것이다.

홀로서기를 간신히 할 수 있게 된 아기가 일어서기는 했지만 한동안은 몸의 중심이 안정되지 못해서 몸이 흔들릴 수 있다.

그럴 때의 아기 표정을 잘 관찰해보자.

얼굴표정은 매우 진지하고 두 손을 약간 몸에서 떼고 어떻게

든 균형을 잡아보려고 필사적이다. 그리하여 용케 컨트롤하게 되어 흔들림이 멈췄을 때의 아기 얼굴은 한꺼번에 긴장감이 풀려 자신도 모르게 함빡 웃기도 한다.

또 균형을 잡지 못해서 털썩 엉덩방아를 찧고는 '아차!'하는 표정을 짓기도 한다.

걷기 시작한 아기의 표정은 더욱 진지하다. 어른이라면 당연한 보행이 이 시기의 아기에게는 줄타기처럼 어려운 일이다.

이러한 모험을 꺼려하는 아기의 볼기를 두들기며 채근해서는 안 된다.

평형감각도 충분히 자라고 코디네이션 능력도 완전히 회전하게 되면 자연히 걷게 된다.

생명의 중요성(1)

한여름에 개울에서 잡은 게를 한 가정의 아버지와 아들이 소중하게 기르기 시작했다. 수조 속의 게에게 빵조각이나 생선을 다진 사료를 주는 것은 세 살짜리 아들의 일과였다.

게는 가족들과 완전히 친숙해져서 사람의 손에서 먹이를 받아 집게발에 끼우고 한 쪽 집게발로 잘게 찢어서 입으로 넣게 되었다. 게는 이제 가족의 일원이 되었으므로 그 게의 생명을 지키는 일이 세 살짜리 아기의 중대한 임무가 되었다.

그런데 가을이 지나고 겨울에 접어드니 게는 수조 속의 자갈을 돌무덤처럼 쌓아올리고 동면冬眠에 들어가 버렸다.

'게가 없어졌어요.'하고 울음을 터뜨리는 아들에게 어머니는 상냥한 목소리로 동면한다는 이야기를 들려주었다.

이윽고 봄이 돌아오니 게는 어린이가 기대했던 대로 자갈 틈에서 불쑥 그 모습을 나타냈다. 어린이가 지르는 환호성의 영접을 받으면서....

성장의 제3의 전환점

인생의 기초공사가 시작되는 시기이다

성장의 제1, 제2의 전환점을 무사히 통과한 아기가 다시 그 다음 마디에 이르렀다.

제3의 전환점은 탄생 1주년 전후다.

이 시기가 되면 아기는 자기 발로 서서 걷거나 사람끼리의 중요한 커뮤니케이션 수단인 말도 조금씩 하기 시작해서 가정 안에서 사회생활을 할 수 있게 된다.

아직 참된 의미에서의 사회생활은 할 수 없지만 그 전 단계인 가정 내의 사회생활이 시작되는 것이다.

이 시기부터 세 살까지는 장래 좋은 사회인이 되기 위한 기초가 만들어지는 시기이므로 코앞의 관심사에만 얽매이지 말고 되도록 장기적인 안목으로 육아에 임하는 마음가짐이 필요하다.

이른바 '세 살 버릇 여든까지 간다.'는 말은 세 살을 전후한 시기가 인생에서 대단히 중요한 시기임을 시사한다.

의존생활에서 독립생활로

0세 시절에는 어머니에게 완전히 밀착되어 성장해왔다.

어머니도 아기를 자기 몸의 일부처럼 생각하며 육아를 해왔으리라.

그러나 기기 시작한 다음부터는 아기가 하나의 생물이라는 것을 조금씩 느꼈을 것이다.

기거나 걸을 수 있게 된 아기는 행동반경을 넓혀나간다. 하지만 아직 이 시기의 행동반경은 집 안, 그것도 어머니의 눈이나 손이 닿는 곳이다.

이것을 뒤집어서 생각하면 아직 어머니의 세심한 보살핌이 없으면 충분한 생활을 할 수 없다는 말이다.

신체의 모든 기관이나 정신면의 발달도 어머니에게서 떨어져 홀로서기를 할 수 있는 단계까지는 도달하지 못한 것이다.

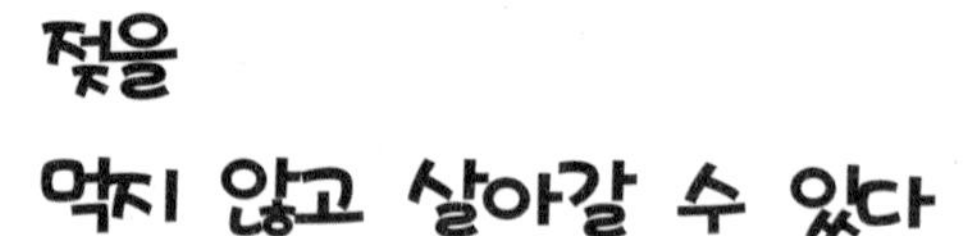

한 살을 고비로 유아乳兒에서 유아幼兒로 부르는 명칭이 달라지는데 젖을 필요로 하던 유아기乳兒期를 다 지나온 아기는 일상생활에 필요한 여러 가지 행동의 발달로 이제 젖이 없어도 살아갈 수 있게 된다.

약 반년에 걸쳐 서서히 길들여진 이유離乳도 끝나고 여러 가지 음식을 스스로 먹을 수 있게 된다.

아직 손으로 먹는 핑거 피딩 Finger feeding 단계이지만 이 무렵 '혼자 먹기'의 단계에서는 숟가락이나 손으로 음식을 먹거나 젖병이나 컵을 혼자 들고 물이나 음료수를 마신다.

먹는 방법은 아직 매우 서툴러서 아기 식탁 주위는 참담하게 어지럽혀지기 쉬우나 아기는 '혼자 먹기'를 실행하면서 차츰 습득해나간다. 이 때 어머니는 지나치게 거들어주지 말아야한다. 그리고 어머니가 먼저 어지럽히는 데 익숙해질 필요가 있다.

혼자서 먹기 연습을 충분히 한 아기는 그로부터 반년이나 일년이 지나는 동안에 실제로 능숙하게 먹을 수 있게 된다.

혼자 먹기 트레이닝이 이루어지는 동안에는 필요에 따라서 어머니의 손을 빌려주어야 잘 먹을 수 있지만 '보행'이나 '언어'와 같이 기왕에 홀로서기를 할 수 있게 되었으니 식사행동의 발달에 맞추어 필요한 최소한만 도와주도록 하자.

아기와 음향놀이

한 살 전후가 되면 장난감피아노, 실로폰, 북, 목탁 등 자기 손으로 두들겨 소리를 낼 수 있는 것에 흥미를 갖게 된다. 이 시기에는 소리를 낼 수 있는 것이라면 무엇이든 괜찮으니 숟가락이나 냄비뚜껑, 식기류 등 닥치는 대로 두들기거나 마주치거나 해서 소리를 내고 기뻐한다.

제법 리듬감도 발달되는 시기이므로 TV의 음악에 맞추어 몸을 흔들기도 한다.

이 무렵에 접어들면 아기는 이제 음향놀이를 할 수 있다.

장래 청각이 뛰어난 아이를 만들려고, 또는 정서를 위해서라며 생후 얼마 지나지 않아서부터 늘 클래식음악을 들려주며 길렀다는 어머니가 계셨다. 이런 방법도 나쁘지는 않겠지만 아이에게 무리하게 좋은 음악을 들려주는 것보다는 아이가 소리나 리듬에 반응을 나타내는 시기를 포착해서 모자가 함께 음향놀이를 한거나 아기가 하는 음향놀이를 거들어줄 것을 권한다.

'악기를 사용해서 소리를 즐기는 것은 인류에게만 허락된 훌

룽한 즐거움'이란 말은 왕성한 작곡활동을 하고 있는 한 작곡가가 한 말인데, 아기가 냄비뚜껑을 두들기며 즐거워하는 시기에 어머니가 무뚝뚝한 표정으로 소음을 마땅치 않게 생각하는 것은 난센스에 지나지 않는다.

차라리 아기와 함께 냄비뚜껑을 두들기노라면 소음이 '음악'으로 바뀌는 신세계를 경험할는지도 모른다.

아기의 재능을 발전시키려면 먼저 아기에게 흥미를 갖게 하는 것이 우선이지만 이 시기부터 '재능교육'을 하겠다고 서두를 필요도 없다.

아기의 마음을 즐겁게 해주는 리듬은 두 박자의 리듬이다.

타악기는 두 박자 리듬 연주에는 안성맞춤이므로 두 박자의 곡을 노래하면서 숟가락과 숟가락을 마주치거나 냄비뚜껑을 수저로 두들기는 등 여러 가지 방법을 고안해서 독자적인 소리를 즐겨보는 건 어떨까.

독립생활을 위한 습관들이기를 시작할 시기

독립생활을 영위하기 위해서는 나름의 규칙을 몸에 익히지 않으면 안 된다. 그렇기 때문에 독립생활을 위한 습관들이기가 필요하다.

매너가 나쁜 사람은 사회에서 소외되는데 이 매너를 몸에 익히기 시작해야할 시기는 1살 무렵이 적당하다.

타인에게 폐를 끼치지 않고 살아가는 기본행동을 가족 전체가 협력해서 '홀로서기'를 시작한 아기에게 가르쳐주도록 하자.

장래 훌륭한 가족관계를 형성하기 위한 중요한 기초공사가 지금 시작되는 것이다.

마음이 풍요롭게

분리불안分離不安에서 오는 매달리기 주의

자립으로의 길을 걷기 시작한 한편으로 어머니에 대한 의존심이 강해서 어머니 곁을 떨어지기 싫어하는 불안정한 정신상태 때문에 아기는 어머니의 모습이 잠깐만 보이지 않아도 주위를 두리번거리며 울음을 터뜨린다.

또 매달리는 버릇도 심해져서 어머니가 화장실에 들어갈 때에도 따라 들어가려고 떼를 쓴다. 이것은 아기가 분리불안分離不安 상태에 있기 때문에 야기되는 현상이다.

이와 같은 정신 상태에서 생긴 매달리는 버릇은 한동안 계속되는데 이렇다 할 치료방법도 없어 자연히 낫기만 기다리는 수밖에 없다.

아기가 분리불안에서 빠져나올 때까지 어머니는 힘이 많이 들겠지만 아기의 매달리는 버릇에 대해 상냥하게 응해주도록 하자.

'독립심을 길러줘야지...' 하는 생각에서 갑자기 엄격한 태도를 취하거나 매몰차게 떼어내면 아기는 불안이 쌓여서 점점 더 매달리는 버릇이 심해지거나 오래가기 쉽다.

그림) 매달리려고 우는 아기와 돌아선 어머니

매달리고 싶은 마음을 충분히 인정한 다음 타인과 접촉하는 기회를 늘리거나 인근의 아이들과 어울려 노는 즐거움을 알게 해주는 것이 무엇보다도 중요하다.

이 시기에 분리불안을 없애주지 않으면 보육원이나 유치원에 들어가서 매우 힘들어하는 경우도 있다.

아기의 성장에는 반드시 다음 단계가 있어 그 자리에 정체하는 일은 없기 때문에 시간을 오래 끌어도 걱정할 것은 없다.

어머니가 이제 서서히 졸업을 시켜도 될 시기라고 생각하고 호되게 다루거나 무리한 압력을 가하는 일은 성장의 개인차를 무시한 행위라는 것을 충분히 인지하고 매달리는 버릇이 자연히 해소될 때까지 기다리기 바란다.

단상형單相型의 수면睡眠으로 바뀌어 낮잠의 횟수가 줄어든다

수면의 패턴이 바뀌어서 낮잠의 횟수가 줄어든다. 지금까지는 수면이 단속적斷續的이어서 낮잠도 오전과 오후로 각각 한 번씩 자던 것이 하루 한 번의 낮잠으로 충분해진다. 이것은 다상형 수면에서 성인과 같은 단상형 수면에 가까워지는 것인데 이것이 순조롭게 진행되면 밤에 충분한 잠을 자게 되므로 어머니는 아주 수월해진다.

그러나 낮잠이 충분하지 못하면 잠이 부족하기 때문에 기분이 나빠지는 수도 있으므로 낮잠 자는 시간에는 방을 어둡게 해주고 되도록 소리가 나지 않게 해서 숙면하기 좋은 환경을 만들어주도록 힘쓰자.

수면의 패턴도 개인차가 심한데 낮잠 자는 시간이 적어도 아무렇지 않은 아기도 있다. 수면시간만 걱정하지 말고 아기의 기분이 좋은가, 식욕이나 원기는 있는가에 주의를 기울이자. 어른도 잠이 부족하면 기분이 나쁘거나 원기가 떨어지거나 할 것이다. 이것은 아기도 마찬가지다.

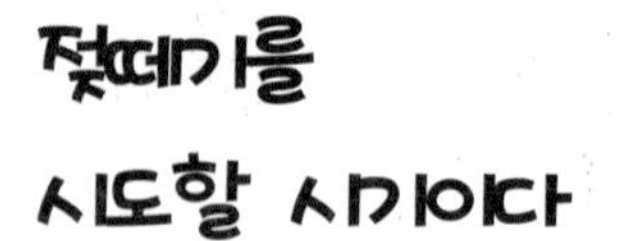

아기가 혼자 서서 걸을 수 있다는 것은 영양적인 면에서도 모유에 의존하지 않고 살아나갈 수 있는 시기가 되었음을 나타낸다.

이 시기는 이유도 완성 단계라서 아기는 모유 이외의 음식으로 충분한 영양을 섭취할 수 있게 된다.

최근 모유육아가 재평가됨에 따라 모유는 유아기幼兒期까지 먹여도 된다고 생각하는 사람도 있는 것 같은데 모유를 1년 혹은 그 이상 계속해서 먹이는 것은 매우 축복받은 환경의 모자에 한해서일 것이다.

영양면에서나 정서발달면에서도 홀로서기를 할 수 있는 첫돌을 전후해 젖을 떼는 것이 적당하다고 생각된다.

다행히 1년 동안 계속해서 모유를 먹였을 경우에는 아기가 젖이 그리운 나머지 여간해서 젖을 떨어지지 못하므로 어머니가 먼저 의연한 태도로 젖을 떼지 않으면 안 될 것이다.

하지만 이 경우에도 매달리기와 마찬가지로 아기는 분리불안의 심리상태에 있음을 잘 이해하고 모유는 주지 않더라도 다른 일로 아기가 충분히 만족할 수 있도록 세심하게 배려해야 한다.

기왕에 모유를 통해서 훌륭한 모자관계가 조성된 것이니 그 종막은 어른인 어머니가 능숙하게 내리기 바란다.

젖을 떼기 위해 젖꼭지에 약을 바르고 젖무덤에 험한 표정의 얼굴을 그리는 것 같은데 아기에게는 너무 잔인한 방법이 아닌가 싶다.

그 방법이나 타이밍은 아기의 성장 정도나 성격을 잘 살펴서 어머니 스스로 가장 효과적이라고 생각하는 방법을 선택하는 것이 좋다.

질병에 대한 조치措置

한 작가가 '손'의 문화사에 대해서 들려준 말이 기억난다. 손은 인간의 생활 가운데 측량할 수 없이 커다란 역할을 하고 있다.

어느 종교든 기도할 때는 반드시 손을 사용한다. 합장을 하기도 하고 두 손을 마주 잡기도 하고 상대방의 손 위에 자기의 두 손을 올려놓기도 하는데, 아무튼 기도할 때는 손을 사용한다.

병환의 조치措置도 글자[한자漢字] 그대로 환부에 손을 얹어놓는 것이 오랜 옛날부터의 치료법이었다는 데에서 유래된 것이 아닌가 유추해본다.

꽤나 오래 전의 일인데 한 명사名士의 TV인터뷰 가운데 '조치'라는 말을 언급한 이야기가 인상적이었다.

"조치란 환부에 손을 얹어놓는 것을 말하므로 머리가 아프면 머리에 손을 얹어놓고 배가 아프면 배에 손을 얹어놓고 문지르는 것이 조치이다. 이런 경우 중요한 것은 손을 얹어놓은 사람과 환자의 마음이 서로 통함으로써 이를테면, 배가 아픈 아이의 배를 어머니가 문질러주면 마음이 통하기 때문에 당연히 아이의 복통은 반쯤은 낫는다. 병의 반은 기분으로 고치고 나머지 반은 의약으로 고치는 것이다."

바꾸어 말하면 정성이 담긴, 따라서 유효한 조치라는 점에서는 아무리 의사라도 도저히 어머니를 따를 수는 없다.

병이 났을 때에는 건강할 때 이상으로 아기에게 어머니의 존재는 중요한 의미를 지닌다.

그것은 비단 계속 붙어있으며 간병하는 것만을 뜻하는 것은 아니다.

아이의 증상이나 질병의 종류, 연령이나 성격, 가정 사정 등에 따라서 어머니의 행동방식은 일률적일 수 없다.

아무튼 어머니가 정성을 다해서 아이를 간병하는 일이 아이의 마음을 안정시키고 고통을 덜어주는 데 도움이 되는 것만은 틀림없다.

1살 ~ 1살 반

그림) 세발자전거를 탄 아이와 강아지

젖먹이시절을 다 지내고 이제 드디어 유아기幼兒期에 들어선다.
모든 것을 어머니에게 의존하지 않고는 살 수 없던
젖먹이시절과는 달라 조금씩 자립을 향한 걸음이 시작된다.

정신적으로도 크게 성장하여 여러 능력을 스스로 몸에 익혀
나가는 중요한 시기이다.

유아기乳兒期를 무사히 보내고 이제 드디어 유아기幼兒期의
출발선상에 섰다.

1살에서 1살 반까지는 대부분의 아기가 걸을 수 있게 되어
그만큼 위험도 많아진다.

홀로서기와 동시에 자아도 강해져서 여러 가지 욕구가
왕성해진 아기는 선악이나 위험에 관한 관념은 전혀 없는
채로 자기의 의사대로 행동하고 싶어 하는 시기이기 때문에
어머니로서는 육아가 가장 힘든 시기라고 할 수 있다.

이 시기의 아기는 다루기 힘든 것이 당연한데, 반대로 이
무렵의 육아가 힘들지 않기를 바라는 것은 아기 심신의
정상적인 발달을 저해할 수도 있다.

품안에 끼고 보호하는 시대는 이제 지나가버렸다는 사실을
잊지 말고 한 인간으로서 아기를 보고 버릇을 가르치는
마음의 준비를 해야 하는 시기이다.

파랑새를 기르는 가정

먼 친척 노부인은 많은 자식들을 앞세우고 양식이나 장건건이도 변변히 장만할 수 없을 만큼 가난하게 살면서도 운명을 감수하고 남의 인정에 감사하면서 만족한 노후를 보내고 있다. 또 이와는 반대로 가정적으로나 경제적으로 유복한 환경에 있으면서 여태까지 한 번도 자신을 행복하다고 느껴보지 못한 채 일생을 마친 사람도 나는 알고 있다.

말할 것도 없이 이러한 사물에 대한 수용방법, 느끼는 방식은 노인이 되고서야 비로소 만들어지는 것이 아니라 어린 시절부터 쌓이고 쌓여 청년기에는 이미 형성되어 있는 것이 보통이다.

<파랑새를 기르는 가정>이라는 우화를 인용할 것까지도 없이 가까운 데서 행복을 찾을 수 있는 사람이야말로 참으로 행복한 사람이다. 그렇다면 사소한 일 가운데서도 행복을 발견할 수 있는 사람으로 길러내는 일이야말로 자식의 행복을 염원하는 어버이의 당연한 태도이리라.

유아시절 幼兒時節

친구를 갖고 싶어한다

사회성이 싹트는 것이라고도 할 수 있는 욕구가 자라기 시작한다.

함께 놀아줄 친구가 요구되는 시기이다. 그렇다고 해서 모래산을 함께 쌓는 것도 아니고 블록 쌓기를 공동으로 하는 것도 아니다.

이 시기는 오히려 공동의 놀이를 하기엔 부적절하다.

공원에서 같은 또래의 아기를 발견하면 먼저 다가가서 함께 놀려고 하지만 막상 놀기 시작하면 상대아기가 만들어놓은 모래성을 무너뜨리거나 서로 등을 돌리고 앉아 각자 놀이를 한다.

장난감을 뺏는 싸움도 왕성해서 때로는 악의도 없는데 상대방에게 부상을 입히는 트러블도 일어난다.

홀로서기를 할 수 있게 되고 독립심이 커져서 그에 수반된 자아도 강한 시기이므로 협조는 아직 생각할 수 없다.

친구는 갖고 싶지만 사이좋게 놀아야한다는 의식은 애초부터 없기 때문에 제멋대로 하도록 내버려두는 수밖에 없다.

그러나 어버이는 눈을 떼서는 안 되는 시기라는 것도 분명히 인식하고 데리고 놀기 힘들어진 내 아기를 커다란 틀 속에서 지켜보며 보호하는 육아태도가 바람직하다.

그림) 등을 돌리고 선 두 아이

자기주장이 강한 시기이다

독립심과 의존심이 혼재하는 상태로 공존해서 덮어놓고 자기 생각대로 되지 않으면 직성이 풀리지 않는 시기이다.

이러한 제멋대로인 성질을 어른이 되어서도 버리지 못한다면 곤란하기 때문에 협조성이나 사회성이 자라기 이전의 땅다지기 시기라고 생각해주면 좋겠다. 자신이 확립되지 못하면 남을 인정하거나 협조하지 못하기 때문이다.

특히 1살 반 전후의 아기란 무턱대고 자기주장이 강한 시기여서 무조건 '안 돼' 뿐이다.

어쩌다 고분고분하게 말을 잘 들으면 어머니가 '오늘은 어찌된 일일까'하고 생각할 정도의 아기라도 장래 '심술쟁이'가 될 염려는 없다.

성격적인 개인차도 이 무렵에 공고해지므로 자기주장의 표현 방법은 다양하지만 이 시기에 지나치게 온순해서 힘들게 하지 않는 것은 오히려 자랑거리가 될 수 없다. 어머니는 온순한 것을 걱정하는 편이 나은 시기이다.

장래 활력이 넘치고 인간성도 풍부한 인간으로 자라기를 바란다면 이 시기의 자기주장이나 다소의 장난기나 탈선도 어느 정도 용인해줄 필요가 있다.

그러나 생명에 관계되는 위험에 대한 대처는 아이의 자기주장과는 상관없이 어버이가 확고히 계획 initiative을 잡고 버릇을 잡아나가야 한다.

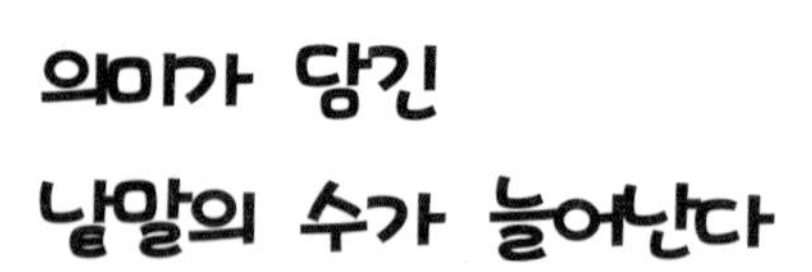

첫돌을 전후해서부터 의미가 담긴 말을 한, 두 마디 종알거리게 된 아기는 1살 반 경에는 제법 낱말의 수가 늘어난다.

아직 한 마디의 영역을 벗어나지는 못하지만 말의 뜻은 충분히 이해하고 있어 차츰 분간하여 사용할 수 있게 된다.

언어를 사용한다는 것이 무엇을 뜻하는지 이해하게 된 셈이어서 언어를 하나의 기호로 포착하는 기호적인 기능이 발달되어 성장했음을 알 수 있다.

기호로서의 언어의 의미를 이해함에는 신생아기부터 반복해온 '말 걸어주기'의 체험 등이 많은 도움이 된다. 아직 언어의 의미를 이해하지 못하는 유아시절부터 가족들이 아기에게 말을 걸어주어야 하는 필요가 바로 여기에 있는 것이다.

그러므로 이제부터는 아기에게 말을 걸어주는 일에 더욱 더 성심을 기울이기 바란다.

바디랭귀지 body language로서의 체벌體罰

1살 ~ 1살 반

스스로 말할 수 있는 낱말의 수는 몇 안 되지만 어른들이 하는 말은 꽤 많이 이해하고 있어 '안돼요' 따위의 제지, 또는 명령하는 말은 정확히 분간할 수 있게 된다.

자기주장이 강해서 자기 멋대로의 행동이나 장난이 심해지는 이 시기에는 어머니도 무심결에 '안 돼요'라는 말을 연발하기 쉬운데, 어머니가 하는 말이 무엇을 뜻하는지는 분간할 수 있지만 어떻게 하는 것이 그 말에 따르는 것인지 모르거나 그런 명령에 따르고 싶지 않은 시기에 들어섰다는 것을 어머니는 잘 이해하고 제지나 명령 언어를 효과적으로 사용하는 방법을 연구해보자.

위험한 짓을 제지하려면 체벌도 어쩔 수 없는 시기이기는 하다. 그러나 이런 경우에도 어머니가 감정적으로 체벌을 가하면 오히려 역효과를 낼 우려가 있다.

말로는 도저히 통하지 않을 때 어머니가 애정으로 가하는 체벌이라면 아기도 체벌이 지닌 의미를 잘 이해할 것이다.

★ 신체 ★

체중의 증가가 눈에 띄지 않는다

생후 1년간, 다시 말해서 출생 후 만 1년이 되는 첫돌까지 체중이나 신장은 참으로 눈부시게 성장했는데 1살이 지나면 체중이나 신장의 증가 곡선이 급격히 완만해진다.

이에 반해서 운동능력이나 지능은 눈부신 발달을 이룩하는 시기이다.

또 체중이나 신장의 증가곡선이 '죽순 형'으로 바뀌어 유아기에 비하면 키가 늘씬하게 자란다.

1살부터 2살까지는 외견상의 신체발육보다는 오히려 몸의 내부가 충실해진다고 할까. 기계로 말하자면 '성능이 좋아진다.'고 할 수 있는 시기이다.

죽순 형으로 발육되기 때문에 체중은 1년간 평균 2kg전후의 증가를 보여 유아기乳兒期의 3분의 1정도밖에 늘지 않는다.

이에 비해 신장은 평균 9.5cm정도가 자라서 유아기의 2분의

1보다 약간 적다. 이 정도로 체중과 신장의 증가비율이 달라진다.

혼자서도 걸을 수 있게 된다

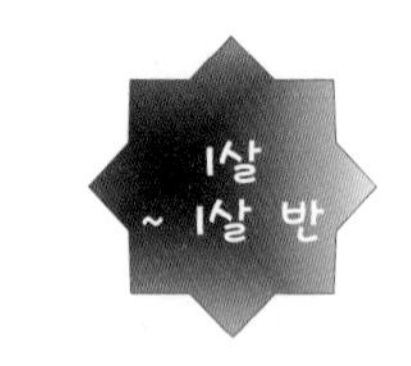

첫돌을 전후해서 걷기 시작한 아기는 1살 반 무렵에는 넘어지는 횟수도 훨씬 줄어 자유롭게, 그리고 제법 빠른 속도로 걸을 수 있게 된다. 그러나 1살 반 가까이 되어서야 간신히 걷기 시작하는 아기도 있어 이 시기의 보행능력에는 개인차가 크게 나타난다.

걸을 수 있는 평균 연령은 1살하고 두 달인데 1살 반까지 걷기 시작하기만 하면 걱정할 필요는 없다.

다른 성장발달에 비해 걷기는 대단히 두드러진 행동이다. 아기가 걸을 수 있느냐 없느냐가 어머니에게 매우 중대한 문제가 되는 것은 그 때문이다. 그러나 개인차 면에서는 다른 발달과 똑같다는 것을 상기하기 바란다.

이 시기에 걸을 기미가 보이는 아기에게는 보행을 촉진시키도록 도움을 주자.

놀이 가운데서 보행 훈련이 될 만한 놀이를 조금씩 도입해보는 것도 좋은 방법이다. 하지만 강요해서는 안 된다.

1살 반이 지나도록 전혀 걷지 못하거나 걸을 기미가 보이지 않을 경우에는 뇌장애腦障碍가 있는지, 다른 신체적 이상은 없는지 소아과 전문의와 의논해보기 바란다.

그림) 뛰어가는 모자 쓴 여자 아이

시력이나 청력은

첫돌이 지난 아기의 시력은 0.2~0.25정도이며 1살 반이면 0.4까지 올라간다.

청력은 꽤 작은 소리에도 반응을 나타내어 옆방에서 무슨 소리가 들리면 이상하게 생각하고 귀를 기울이거나 고갯짓이나 손짓으로 그 상황을 가리키기도 한다.

지능이나 정신면의 발달에 수반해서 청각도 더욱 고도로 발달한다.

간단한 언어에 의한 명령이나 요구에는 행동으로 대응한다. '눈은 어디 있어요.' '손을 들어봐요.' 등 신체 부위를 물으면 그 부위를 정확하게 기억하고 행동으로 응답해 보인다.

귀에서 6cm정도 떨어진 시계의 초침소리도 귀 기울여 들을 수 있게 된다.

청각만 발달한 것이 아니라 집중하거나 주의력을 기울여서 그 소리를 분간할 수 있게 되는 것이다.

그림) 소리에 반응하는 아기

집짓기놀이를 할 수 있다

손 운동은 1살 무렵에 완성되는데 여기에 다시 훈련을 쌓게 되면 완전하게 움직일 수 있게 된다.

이를테면 혼자 컵을 들고 음료 등을 마시는 동작은 11~12개월이면 이미 할 수 있는 동작이지만 컵에 들어있는 음료 등을 엎지르지 않고 잘 마실 수 있게 되는 것은 1살이 지나서부터이다. 하지만 좀 더 지나야 할 수 있는 아이도 있다.

약간 엎지르더라도 손으로 물건 잡기나 혼자 컵의 음료 등을 마시게 할 필요성은 트레이닝으로 동작을 완성하기 바라기 때문이다.

또 스스로 먹고 마시려는 의욕이 생겼을 때 어머니의 입장(더럽혀서는 안 된다 등의)에서 그것을 제지하면 의욕을 상실한 아기는 이제 그 무엇에도 손을 내밀지 못하게 될지도 모른다.

이 시기에는 어른이 집짓기놀이를 해보이면 그것을 흉내 내어 집짓기놀이를 해보게 된다.

안정된 집짓기를 2개 정도는 쉽게 할 수 있게 될 터이니 처음에는 쉬운 놀이부터 시작하자. '성공의 기쁨'을 쌓아나감으로써 차츰 고도의 놀이에 도전토록 한다….

이것이 운동이나 지능을 더 잘 발달하게 해주는 요령이다.

'통증'의 고마움에 대하여

인간이 느끼는 여러 감각 가운데서 '통각痛覺'은 당혹스러운 감각이라고 생각하기 쉽지만 실제로는 이것이 신체의 안전을 지키는 데 아주 고마운 감각이다.

태어날 때부터 선천성통각결손증先天性痛覺缺損症이라는 병을 가지고 태어나 피부에 통증을 느끼지 못하는 어린이는 온몸이 상처, 점, 화상 등의 상처투성이가 된다.

이러한 사실로 판단하자면 인간은 통증을 느낄 수 있는 감각신경이 있기 때문에 위험한 것에는 가까이 가지 않고 또 질병도 예지할 수 있다.

유아幼兒에게 화상을 입지 않을 정도의 뜨거운 냄비 따위를 만지게 해서 안전교육을 하기도 하는데 이것도 피부의 통각을 이용한 훈련이다.

통각에는 또 연령에 따른 특유의 반응, 이를테면 생후 2~3개월까지의 피질하성皮質下性의 반사성반응기反射性反應期, 또는 유아기幼兒期에 통각의 기억이 있는 시기, 유아기幼兒期 이후의 통증을 수반한 사태의 도래到來를 예측할 수 있는 시기 등 각 연령층 공통의 반응이 있다.

1살 반 ~ 2살

걷는 동작이 원숙해지고 발육이 빠른 아기라면 달리기를 할 수도 있게 된다.
또 혼자 계단을 올라가고 내려갈 수 있고 앉았다 섰다 할 수 있다.
몸을 자유롭게 움직일 수 있게 됨과 동시에 호기심에서의 탐험도 시작된다.
책상 서랍이나 경대는 어린 탐험가에게는 더 없이 좋은 탐험 장소다. 그러니 위험한 물건, 값진 물건을 막론하고 닥치는 대로 휘젓기 때문에 아기의 손이 닿는 곳에 방치해서는 안 되겠다.

이 때는 탐험가의 호기심과 어른의 지혜를 견주어보는 시기이다.

이쯤에서 어머니가 손을 들어버리면 훗날의 육아에서 후유증을 남기게 될지도 모른다.

부디 수십 년의 경력을 살린 생활의 지혜를 최대한 발휘하기 바란다.

그런데 탐험가가 될 수 있다는 것은 체력적으로나 운동능력 면에서 제법 자신이 생겼다는 증거이므로 다소 무모한 일도 저지를 수 있다.

집 안팎에서 사고의 예방에 각별한 주의를 기울일 필요가 있다.

★ 마음 ★

자신의 감정을 표현할 수 있게 된다

'희로애락喜怒哀樂'——

이 네 가지는 인간의 감정을 대표하는 것인데 이는 감정의 기본패턴이라고도 할 수 있다. 이 기본패턴이 여러 가지로 혼재되어 인간의 감정은 매우 깊은 것으로도 또 복잡한 것으로도 되겠지만 1살 반이 지난 아기는 희, 로, 애, 락의 기본 패턴보다 약간 복잡한 감정, 이를테면 질투, 수줍음 따위의 감정을 갖게 된다. 게다가 그것을 표현할 수 있게 된다.

예를 들면 가장 사랑하는 어머니의 무릎에 누군가 다른 아기가 앉아있거나 하면 덥석 덤벼들며 그 아이를 밀어제친다.

또 즐거운 음악이 들리면 그 리듬에 맞춰 몸을 움직이거나 그 반대로 자기의 기분을 상하게 하는 것, 뜻대로 되지 않는 일이 있으면 단호하게 울부짖거나 골을 부리며 자기의 감정을 전하려고 한다.

감정을 표현할 수 있다는 것은 인간다워졌다고도 할 수 있지만 아직은 미분화된 점을 남긴 채 감정을 노출시키는 것이므로 그를 상대하는 어른에게는 꽤나 고통스러운 일이다.

그러나 이쯤에서 '괴팍한 것은 아빠를 빼닮았군!'하고 불평을 늘어놓는 일은 삼가기 바란다.

선과 악, 사물의 분별 등을 잘 알고 있는데 아빠와의 비교는 당치도 않다.

질투한다고는 하지만 그것은 아직 완전한 독점욕이 아니며 친구를 밀어제치는 행위도 앙심을 품고 하는 것은 아니다.

미분화된 감정이 생생한 그대로 나타나는 이 무렵의 아기는 그 다루기 어려운 감정을 그대로 받아주는 것이 그 이후의 정신발달을 유연하게 해준다.

걷는 데 자신이 생기고 몸도 자유자재로 움직일 수 있게 되면 호기심이나 탐구심이 고개를 쳐들기 시작한다.

눈에 띄는 물건, 손이 닿는 곳에 있는 물건은 무엇이건 만져보려고 하거나 움직여보려고 한다.

TV의 리모컨, 콘센트, 책상 서랍, 방 문 손잡이 등 아무튼 눈에 띄어서 자기가 흥미를 느끼는 것이라면 그대로 놓아두지 않는다.

아직은 해서 좋은 일, 해서는 안 되는 일을 판단하지 못한 채 하는 행동이므로 참으로 집 안에는 작은 도둑이 든 것이나 다름없다.

아무 것이든 흥미를 느끼고 자기의 손으로 체험을 해보게 해주는 것이 좋은데 여기에서 어른의 역할이란 위험을 방지하는 일이다.

약품이나 담배 등 잘못되어 마시면 큰일 나는 물건이나 상처나 화상으로 이어지는 칼이나 다리미, 콘센트 등 아기의 신체에 위험을 미치는 물건은 아이의 눈과 손이 미치지 않게 해두는 것이 중요하다.

열면 곤란한 책상서랍에는 자물쇠를 채우거나 접착테이프로 고정시키고, 콘센트도 사용하지 않을 때에는 공갈 플러그로 가려두고 위험물이나 중요한 물품은 아이의 손이 닿지 않는 높은 곳에 올려놓는 등 어른의 지혜로 대항한다면 사고방지는 그다지 어렵지 않을 것이다. 사소한 일에도 신경을 쓰는 것이 좋다.

그림) 서랍에 들어앉아 모두 내던지는 아이

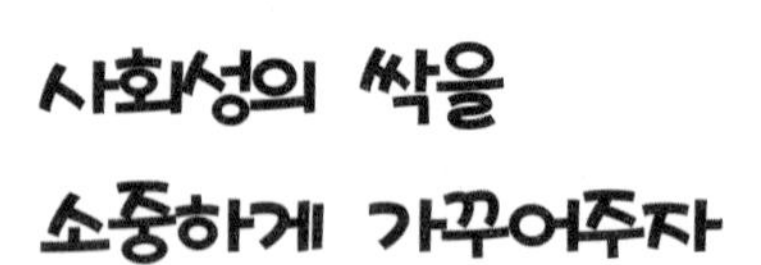

사회성의 싹을 소중하게 가꾸어주자

사회성을 익히기에는 아직 이르다. 왜냐하면 자아가 강해서 기분 내키는 대로 행동하고 싶은 때이므로 친구들과 놀게 해주려 해도 금방 싸움이 벌어져 결국 헤어지는 일이 고작이다.

아직은 어머니에 대한 의타심이 강해서 호기심은 있어도 독립은 하지 못하는 시기이다. 공원에서 또래를 만나면 그리로 가고 싶어도 혼자서는 가지 못하고 어머니의 손을 잡아 끌어 함께 가자는 신호를 보내거나 혼자 가려다가도 사소한 사건(개가 짖거나 커다란 아이의 환호성이 들리거나 하는)이 생기면 놀라서 어머니의 품속으로 숨거나 한다.

그러나 이 시기의 호기심을 훌륭하게 이용해서 사회성의 싹을 길러주는 것이 중요하다. 친구들이 노는 동아리 속으로 어른이 함께 끼어들어 트러블을 피하도록 유도하자. 친구들과 함께 동화책을 읽어주거나 집짓기를 하면서 다른 아이에게 관심을 갖게 해주면 언젠가는 자기 이외의 인간의 존재를 시나브로 인정하고 협조하는 마음이 길러질 것이다.

그림) 손잡고 뛰어가는 두 아이

★ 신체 ★

걷는 거리가 늘어나고 속도에 변화 variation도

넘어지거나 비척거리지 않고 또박또박 걸을 수 있는 시기를 조사해보니 14.2개월에 약 90%의 아기가 혼자 걸을 수 있다는 수치가 나왔다.

이 시기에 건강하게 성장하는 아기는 걷는 자세가 매우 훌륭하며 걸을 수 있는 거리도 점점 늘어난다.

또 걷다말고 돌아보거나 빠른 걸음으로 걷는 등 '보행'을 자유자재로 조정하고 변화 variation도 붙는 시기에 접어든다.

주저앉거나 일어서는 동작도 혼자 할 수 있으며 계단도 손을 잡아주거나 난간을 잡게 해주면 혼자서도 올라갔다 내려갔다 할 수 있다.

2살이 가까워지면 달리기를 할 수 있는 아기도 있다.

어머니가 뒤에서 몰아세우면 깔깔거리며 어설픈 걸음걸이로 달리지만 아직도 발밑의 장애물을 비켜갈 만큼의 운동신경이나 평형감각平衡感覺은 충분히 발달되지 않았다.

아기가 걸어다니는 주변에 장애물이나 위험한 물건이 있지는 않은지 잘 살펴야 하는 것도 이 시기에 어머니나 주변사람들이 해야 할 역할이다.

대천문大泉門이 닫히고 치아가 8개쯤 난다

유아幼兒로서 살아나가기 위해 필요한 조건은 여러 가지가 있지만 유즙영양乳汁榮養에서 고형식固形食으로 바뀌어 차츰 어른과 같은 식사를 하려면 무엇보다도 탄탄한 치아가 필요하다.

치아가 완전히 나는 것은 2살에서 3살에 걸쳐서인데 이 시기 아기들 대부분은 아래, 위 8개 정도의 치아가 난다. 그리고 고형식을 앞니로 물어뜯을 수 있게 된다.

이가 나는 방식은 개인차가 크기 때문에 이 시기에 반드시 아래, 위로 8개의 이가 나지 않는다고 염려할 필요는 없다.

이가 늦게 나는 예는 얼마든지 있지만 끝내 이가 나지 않은 예는 거의 없다.

또 이 시기에 대천문(大泉門: 머리 정수리의 말랑말랑한 부분)이라 부르는 머리 위의 말랑말랑한 부분이 완전히 닫혀 여문다.

아기가 태어날 때에는 산도産道를 빠져나오기에 편리하도록 머리의 골질骨質이 완성되지 않은 채로 태어난다. 다시 말해서 이때의 머리뼈는 물렁물렁하다. 그러기 때문에 유아기乳兒期에는 대천문이 물렁물렁한데 1살 반이 지나면 이 대천문이 완전

그림) 이가 8개 난 여아

히 여물어서 만져보아도 물렁물렁한 부분은 찾아볼 수 없게 된다.

독립된 생활을 해나가야 할 시기에 소중한 두뇌를 넘어지거나 타박 등의 사고로부터 지킬 수 있도록, 발육의 생리란 참으로 오묘하게 짜여있다.

그런데 이 시기에 들어서서 치아가 늦게 나는 것은 걱정하지 않아도 되지만 대천문이 닫히지 않을 경우에는 질병 등의 이상도 고려해야 하니 일단은 전문의와 상의하는 편이 좋다.

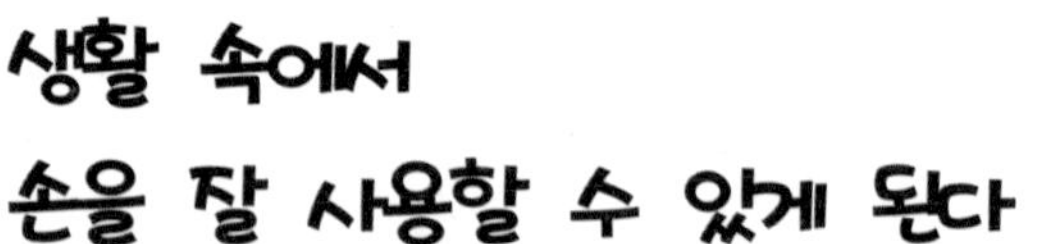

동물 중에서 손을 가장 재치 있게 사용하는 것은 사람과 원숭이 정도다.

특히 사람에게 '손'은 두뇌의 파견기관과도 같아서 다른 동물은 흉내도 내지 못한다.

손을 사용해서 글씨를 쓰고 그림을 그리며 피아노를 치거나 바이올린을 켜고 종이접기를 하는 등 문화나 예술의 마당에서 발휘하는 '손'의 역할은 이루 헤아릴 수 없을 만큼 지대하다.

또 일상생활 가운데서도 옷을 입고, 벗고, 세수, 식사 등이 모두 손의 작용으로 이루어진다.

그 '손의 작용'의 기본동작이라고도 할 수 있는 '수저 들고 음식 먹기' '크레파스나 연필 잡고 낙서하기' 등을 할 수 있게 되는 것은 1살 반이 지나서부터이다.

컵을 들고 마시고, 수저로 밥을 먹는 등 자기 손으로 식사를 할 수 있게 되고 또 자기 스스로 먹고 싶어 한다.

연필이나 크레파스를 쥐어주면 형태를 알아볼 수 없는 선을 자유자재로 그릴 수 있게 된다.

또 집짓기도 할 수 있게 되고 또 가로세로로 늘어놓고 모양이나 색깔을 즐긴다.

그림책 따위를 쥐어주면 얌전하게 한 장씩 넘기며 보는 것도 이 무렵부터이다.

아직 언어는 충분히 이해하지 못하지만 재미있는 이야기책을 반복해서 읽어주면 아기들은 대강의 내용을 기억한다. 이 그림 다음에는 어떠한 그림이 전개되는지 알게 되면 스스로 차분하게 책장을 넘겨볼 수 있는 아기로 성장한다.

게다가 그것을 자신의 손으로 할 수 있게 된 기쁨이란 이루 형용할 수 없을 만큼 크다.

손을 사용해서 살아가는 즐거움을 이 시기에 터득하게 해주는 것이 중요하다.

손가락 빠는 버릇과 아기의 심리

손가락이 불어터질 만큼 손가락 빠는 버릇이 심해지면 욕구불만이 아닐까 염려하는 것 같다.

아기시절의 손가락 빠는 버릇은 '빨아 당기는 본능'에 의해 일어나는 수가 많으며 이가 날 무렵 졸릴 경우, 시장기를 느낄 때에 손가락 빠는 버릇이 더 많아진다.

유아기乳兒期의 손가락 빠는 버릇은 아기의 발달과정에서 나타나는 하나의 생리현상이라고 보는 편이 바람직하다.

유아기幼兒期에 접어들면 수치심이나 사소한 심리적 불안정 등으로 심하게 손가락을 빠는 경우도 있으나 그것을 '욕구불만현상'이라고 나무라지 않는 편이 좋다.

손가락 빠는 버릇이 해로운 점은 그것이 위생에 좋지않다는 점과 이 모양을 나쁘게 만든다는 것인데 2살 경까지는 아기가 마음이 내키는 대로 빨게 내버려두어도 상관없다. 2살이 지나면 집 밖에서 노는 놀이시간을 늘려보는 것도 좋은 방법이다.

마음을 발전시킨다

말을 걸어주면 언어력이 길러진다

한 마디, 두 마디 언어의 수가 늘어나고 더욱이 언어와 동작이 합치하게 된다. 이를테면 '찌—' 하고 말하면서 오줌을 싸거나 '쩨쩨—'하고 손가락으로 무엇인가를 가리키기도 한다.

말이 늦어지는 아기는 '엄마'라는 말을 '마'라고 하거나 '아빠'를 간신히 '빠'라고 할 경우도 있고 이 시기에도 아직 말을 하지 못하는 아기도 있다.

혹은 말과 그 의미가 다를 경우도 가끔은 있다.

말이 늦어져도 혹은 의미가 달라도 아직 이 시기에는 특별히 걱정할 필요는 없다.

어머니가 걸어주는 말을 진지한 표정으로 듣거나 음악에 귀를 기울인다면 조금 더 기다려보는 편이 좋다.

말을 할 수 있느냐 없느냐는 별도로 치고 언어의 발달을 촉진시키기 위해서는 생활 속에서 어머니나 주위 사람들이 될 수 있는 대로 말을 많이 걸어주어야 한다.

어른끼리의 대화보다 약간 느린 어조로, 그러나 말은 바르고 정확하게 자주 걸어주자.

그림책을 보면서 혹은 산책하는 도중에, 또는 놀이를 하는 가운데서 '야옹은 어디에 있니?' '눈은 어디야?' 하고 자주 물어보는 것이다.

특히 눈이나 입을 자기의 손가락으로 가리키게 하거나 고양이나 개가 있는 장소를 가리키게 해보는 것도 좋다.

또 고양이나 강아지를 보거나 아름다운 꽃이 피어있는 길을 지나면 '예쁜 고양이다' 또는 '예쁜 꽃이 피어있네'하고 감탄사나 형용사를 섞어서 말을 걸어주면 언어가 발달함과 동시에 정서도 자연스럽게 몸에 익히게 될 것이다.

자립을 위한 트레이닝

독립생활을 하기 위해서는 먹는 일과 배설을 혼자서도 하는 것이 선결조건이다.

젖먹이 인형과 같은 존재에서 사회인의 대열에 들어서려면 먼저 스스로 먹고 마시는 습관을 익히지 않으면 안 된다.

마침 이 무렵은 어른들의 흉내를 내고 싶어 하는 시기이다.

식사를 할 때에는 어른의 흉내를 내며 자기 손으로 숟가락이나 포크를 잡고 먹고 싶어 하거나 컵으로 물마시기도 잘 하게 된다.

물론 이것은 이 시기가 되면 누구나 꼭 그렇게 된다는 것이 아니라 1살이 지나면서부터 서서히 숟가락이나 컵을 들고 혼자 먹는 훈련을 하는 경우다.

하지만 아직은 흘리는 일도 많아, 흘리지 않고 먹을 수 있게 되려면 아직 멀었다. 비록 혼자 먹을 수 있게는 되더라도 또는 혼자 먹고 싶어 할지라도 아기 혼자 먹게 내버려두기에는 아직 이르다.

어머니가 곁에 있어주어 정확하게 식사할 수 있도록 도와주

그림) 아기와 대화하는 엄마

거나 도움말을 해줄 필요가 있다.

하지만 흘린다고 야단을 치거나 아기가 손을 내밀지 못하게 해놓고 어른이 일방적으로 먹여주기만 하면 어린이는 먹는 동작을 해보려는 의욕을 잃는다.

흘려도 낭패가 되지 않도록 식탁 주변을 정돈한고 턱받이를 해주는 등 준비를 충분히 해서 약간의 실수는 눈감아주는 마음가짐이 어머니의 몫이다.

식탁에서 무슨 짓을 해도 내버려두라는 뜻은 아니다. 그러나 너무 야단만 치면 식욕이 왕성한 아이로 자라지 못하고 편식을 하거나 께적거리며 먹는 버릇이 생길 수도 있다.

아기의 식욕은 다른 행동의 적극성으로 이어지는 경우도 많으므로 식욕을 잃게 하면서까지 버릇을 고치려고 하지는 말았으면 좋겠다.

무엇이고 모험을 해보고 싶은 호기심이 왕성한 이 시기에 식욕을 잃게 하는 것은 이로울 것이 없다는 점을 명심하기 바란다.

많이 흘리면서도 스스로 먹고 마시려는 의사를 나타내면 되도록 혼자 하도록 내버려두고 어른은 그저 지켜만 보는 것이 좋다.

오줌 가리기는 느긋한 마음으로 끈기 있게

일상생활 가운데서 이 시기에 시작할 수 있는 트레이닝 가운데 어머니가 특히 신경을 쓰는 것이 오줌을 가리는 습관이다.

기저귀를 계속 사용하느냐 아니냐는 어머니의 노동력을 크게 좌우하기 때문에 자신도 모르게 화를 내기 쉽다.

그러나 오줌을 가리는 행동 자체는 대단히 개인차가 커서 기저귀를 떼는 시기는 빠른 아기와 늦은 아기 사이에 상당한 폭이 있다.

하나의 척도로는 이 시기가 되면 마렵다고 가리키거나 아기의 표정이나 양상으로 오줌이 마렵다는 것을 알 수 있게 되어 오줌을 싸면서 '찌찌'라고 말하거나 오줌을 싸버린 뒤에 '찌찌'라고 가리키는 시기이다.

다시 말해서 자립적으로 오줌을 가리기 시작하는 첫걸음을 내딛는 시기라고 할 수 있는데 버릇 가르치기에는 이 점이 중요하다. 그러나 어머니가 성급하게 채찍질을 하면 오히려 역효과를 낼지도 모른다.

그림) 오줌 싼 아이

그림) 화장실 문에
장식을 거는 아이

아무튼 식사와 마찬가지로 자립하려는 싹이나 의사를 존중해 주고 나머지는 느긋한 마음으로 끈기 있게 트레이닝을 계속한다.

식사의 경우와 마찬가지로 아기가 기분 좋게 트레이닝할 수 있는 것이 완성을 앞당기는 요령이다.

밝고 청결한 장소에 변기를 놓아두거나 화장실에 들어가는 것이 즐거워지도록 궁리하는 것도 좋다. 그리고 일단 트레이닝을 시작했으면 날마다 정해진 시간에 정해진 장소에서 계속하기 바란다.

이 시기는 낮 동안에는 기저귀를 뗄 수 있지만 밤에는 아직 기저귀를 채워서 포근히 잠들게 해주는 것이 바람직하며 야간 트레이닝을 지나치게 서두르면 잠결에 오줌을 싸는 나쁜 습관이 몸에 배어 장래 야뇨증으로 이어질 수도 있으니 주의하지 않으면 안 된다.

손 닦기와 양치질의 길들이기

밖에서 놀다가 돌아왔을 때, 식사하기 전에는 반드시 손을 닦고, 식사 후에는 양치질 하는 습관을 몸에 배게 해주자.

단순히 청결을 위해서 뿐만 아니고 감염예방에도 도움이 된다. 감염에 의한 질병 예방에 손 씻는 일은 결코 일시적 방편이 아니므로 이 시기부터 습관을 들이면 좋다.

아직은 혼자 손을 씻는 일은 무리이므로 어른이 거들어줄 필요가 있다.

청결의 습관은 매일 생활하는 가운데서 배양되는데 그러기 위해서는 먼저 '깨끗하게 씻었더니 기분이 개운해졌다'는 체험을 하게 해주는 것이 제일이다.

의복 따위도 더러워졌거나 젖으면 어머니가 정성스레 갈아입히기를 게을리 하지 않는다면 자연히 '청결하고 깔끔한 기분'을 좋아하는 아기로 성장하게 될 것이다.

이 시기에는 아래, 위로 8개씩 이가 나는 아기도 많으니 차츰 충치 걱정도 해야 한다.

어른의 흉내를 내고 싶어 하는 심리를 잘 활용해서 밤에 잠

자리에 들기 전에 칫솔을 들려주는 것도 좋은 방법이다.

엄마가 함께 이를 닦으면 아기는 매우 기뻐할 것이다.

식후에 양치질을 할 수 있게 되는 것도 이 무렵부터이다.

개성을 길러주려면

유아기幼兒期에 나타나는 개성은 아직 확실하지 않은 경우가 많아 이것이 이 아이의 개성이라고 말할 수 있는 것을 좀처럼 포착하기 어렵다.

그러나 2살 무렵에는 각자의 행동특성이 제법 뚜렷해진다. 다시 말해서 각자의 개체 차이가 눈에 띄게 두드러진다.

그림) 창가에 두 손으로 턱을 괴고 선 아이

쌍둥이를 대상으로 한 개성연구에 따르면 유전과 후천적인 환경과의 대비(유전:환경)는 1:1이라고 한다. 유전적 성격과 환경에 의한 성격이 대략 반반이라는 것이다. 거의 같은 환경에서 자라도 개체의 차이는 저절로 나타난다는 말이다.

5쌍둥이의 어머니인 Y씨 일가와 만날 기회가 있어 같은 시기 같은 환경에서 자란 5명의 아이가 저마다 다른 개성의 차이를 보이며 성장하고 있다는 것을 알았을 때, 일반적인 심리학에서 말하는 '개성 personality은 3살 무렵까지 주로 환경의 요인으로 만들어진다.'는 견해에 의문이 생겼다.

'아니, 소질적인 면이 더 큰 요인이 아닐까….' 싶었다.

1살 미만일 때 5명의 아기들은 매우 유사한 성격을 나타냈지만 뒤집기나 보행처럼 스스로 몸을 움직이기 시작할 무렵부터는 각자의 개성이 나타난 것 같다.

개성은 지능지수보다도 변하기 쉽다는 게 심리학의 정설이기는 하지만 거기에도 한계가 있는 것 같다.

유전적인 소인素因이냐 후천적인 환경이냐에 대한 논의는 제쳐두고, 개성은 누가 뭐래도 아기의 몫이므로 어머니는 아기의 개성을 빨리 발견해서 그 성질에 맞는(무리가 없는) 길을 걸어가게 하는 것이 가장 좋은 방법이다. 이 때 부모는 아이를 편견 없이 보는 것이 중요하다.

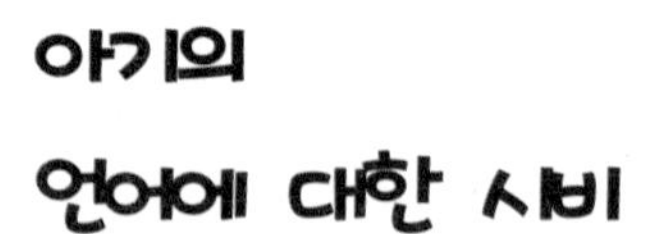

어른이 아무리 '언어는 처음부터 정확하게 가르치자'고 별러도 아기는 역시 처음에는 하기 쉬운 말부터 종알거린다.

이를테면 개를 보면 '멍멍' 고양이를 보면 '야옹'이라는 식으로 말하는 것이 아기에게는 이해가 빠르고 자신이 흉내를 내서 말할 때에도 말하기가 쉽다.

다시 말해서 개라면 '멍, 멍'이라는 울음소리와 결부시켜서 기억하는 편이 구체적이고 기억하기 쉽다.

아기의 언어를 발달시킴에 있어 이런 아기의 특징을 어머니가 미리 알아둔다면 편리한 점이 많을 것이고 또 낱말의 수가 적은 아기도 즐거운 대화를 나누게 될 것이다. 다만 어른이 아기의 흉내를 내며 '멍멍'이니 '아찌 아찌' 하는 식으로 말하는 것은 난센스다. '아빠' '엄마'라고 정확한 말로 대응하자.

환경의 조성

싹트는 인간의 본성

'인간의 아기와 동물의 새끼의 차이는 어디에 있는가....' 하고 묻는다면 당신은 무엇이라고 대답하겠는가.

'글쎄요. 우선 모습이나 형태가 다르겠지요. 그리고 말을 하지 못하며 책도 읽지 못하겠지요.'

이런 대답을 하지는 않을는지.

아니면, '첫째, 옷을 입고 있느냐, 아니냐 하는 차이도 있겠지요.'라고 유니크한 대답을 하겠는가.

이 두 가지 대답은 모두 정답이기는 하다.

그러나 좀 더 핵심으로 들어가 양자의 차이를 생각하면 과연 정답일까? 개나 고양이의 새끼는 인간이 길러도 일단은 큰 개나 큰 고양이로 성장하지만 인간의 아기는 동물에 의해서 길러지면 인간이 되기는 어렵다는 점이 문제다.

짜증 잘 내는 아기 다루는 방법

짜증을 잘 내고 울음 끝이 질기거나 땅바닥에 뒹굴며 떼를 쓰거나 할라치면 어머니는 자칫 창피하다는 생각에 아이의 요구를 무조건 받아주기 일쑤다.

이 시기에는 까닭모를 짜증이나 떼를 쓰는 버릇이 나타나기 쉬운데 이런 경우에 가장 나쁜 것은 부모나 주위사람이 당황하는 일이다.

창피하다고 해서 그럴 때마다 아기를 달래서 장난감을 사주거나 맛있는 과자나 음료수를 사주면 철없는 아기는 울고 떼를 쓰기만하면 자기의 요구를 들어주리라 생각하고 점점 그런 버릇이 더 강경해질 수 있다.

땅바닥에 뒹굴며 아무리 떼를 쓰고 울어도 내버려두면 아이는 반드시 울음을 그칠 것이고, '이런 방법으로는 안 되는구나.' 하고 깨닫는다.

어머니가 일시적인 수치심을 참아 넘기고 아기의 자아의 싹을 올바르게 자라도록 지도하자.

환경이 사람을 가른다

늑대가 아기를 길러주었다는 설화는 육아나 교육의 장에서 곧잘 인용된다.

그림) 늑대소녀와 놀란 아이

아기시절 산속에 버려진 자매가 늑대의 손(?)에 의해 길러져 유아기幼兒期를 어미 늑대와 함께 산과 들을 쏘다니며 지낸 뒤 인간사회로 되돌아와 극진한 간호와 교육을 받았는데 두 자매는 인간사회에 적응하지 못한 채 끝내 인간이 되지 못하고 늑대인간으로서의 짧은 생애를 마쳤다는 것이다.

개나 고양이, 혹은 원숭이 등 우리가 애완동물로 사육하는 작은 동물들은 젖을 뗀 후 인간에게 사육되어도 인간 개나 인간 고양이라는 묘한 동물로 변하는 일 없이 각자의 본성을 잃지 않고 자란다(야성적인 면은 잃을지라도....).

그러나 아기가 인간의 손에 자라지 못하고 동물의 손에 길러졌을 경우에는 일단 겉모습이나 형태는 '인간 그대로'이지만 사람으로써의 본성은 몸에 배지 못해 사람의 마음을 이해할 수 없는 동물인간이 되어버린다.

어버이의 대응방법이 중요하다

자기 아이를 자청해서 늑대에게 기르게 하는 어버이는 이 세상 어디에도 없을 것이다.

그러나 이 시기에 아기에 대한 대응을 잘 못하는 어버이는 제법 많다.

그리고 결과적으로 늑대소년이나 늑대소녀까지는 되지 않더라도 사람다운 인성이 결핍된 소년소녀나 사람으로서의 훌륭한 인생을 살아가지 못하는 경우가 발생할지 모른다.

인간의 본성에 눈을 떠서 심신을 능동적으로 활동시키기 시작하는 이 무렵의 아기를 어머니 아버지나 주위의 어른들은 어떻게 접하는 것이 좋을까?

인간으로서의 예의범절이나 습관을 철저하게 가르치는 것도 중요하다. 또한 정서를 기르기 위한 작용을 해주는 것도 나쁠 것은 없다.

그러나 이 시기에 가장 중요한 것은 인간의 본성에 눈뜨기 시작한 아기에게 인간으로서의 접촉을 시작하는 일이다.

어머니와 아버지가 아기의 세계로 내려가서 인간 대 인간,

혹은 동료의 감각으로 아기와 접해보면 어떨까....

가족의 일원으로서 아기를 동격으로 취급하고 따뜻하게 맞아들이는 일은 아기의 때 묻지 않은 본성에 따뜻한 사람 마음의 등불을 밝혀주는 일이 되리라.

그림) 가족들 - 할머니, 할아버지, 안경 쓴 아빠, 엄마, 아기

인간다운
인간이 되기 위하여

아기와 동물의 새끼의 차이는 이런 점에 있다고 말할 수 있겠구나 싶다.

아기가 장래에 인간다운 사람이 될 수 있는지 어떤지 갈림길에 서는 것은 대략 1살 전후다.

'사람으로서 사람답게 살 수 있느냐.' 혹은 '바람직한 사회인이 될 수 있느냐.'하는 기초 다지기가 이 시기에 이루어져야 한다.

'세 살 버릇 여든까지'에 이르는 인성이 이 무렵에 확실한 싹을 틔운다.

성장의 단락이나 마디와는 약간 다른 각도에서 바라본 하나의 중요한 시기, 다시 말해서, '동물에서 인간으로' 이행하는 시기이다.

그림) 손잡고 걸어가는 아이와 엄마

2살 ~ 3살

만 두 살에서 세 살에 이른 이 때는 인생의 제3의 전환점을 향해 끊임없이 '자립自立'의 길을 걸어가는 시기라고 할 수 있다.

걷는 거리나 시간이 점점 늘어날 뿐 아니라 달리거나 계단을 오르내리는 동작도 혼자 자유자재로 할 수 있게 되어 몸을 활발하게 움직일 수 있게 된다.

체력에 자신이 생기면 정신적으로도 자연히 자립하고 싶어지는지 어른이 손을 잡아주는 것을 싫어하고 무엇이든 혼자 하고 싶어 하는 것이 이 시기 아기들의 공통된 심리이다.

어른의 입장에서 보면 아슬아슬해 보이는 동작을 혼자서
대담하게 해내는 것이 이 무렵 아기의 실상이다.
그뿐 아니라 손가락의 움직임도 정교해지므로 어른의 흉내도
제법 잘 내서 생활면에서 꽤나 능숙한 동작을 취할 수 있게
된다.
'세 살 버릇....'을 기르는 시기라고도 말할 수 있는데
어머니가 지나치게 안달하면 아기는 정서가 불안정하게 된다.
세 살 버릇은 자연스럽게 심어지는 것으로 부모가 원하는
화분에 억지로 심는다고 되는 것은 아니다.

★ 마음 ★

자아自我의 싹을 소중하게

무엇이든 혼자 하고 싶다, 자기 마음대로 되지 않으면 골을 부린다, 하지 못하게 제지하면 더욱더 하고 싶어 한다..., 이러한 까닭모를 반항, 그 이면에 있는 것이 자아의 싹이 트는 현상이다.

사람이라면 누구나 가지고 있는 이 자아自我도 그 싹이 트기 시작하는 이 무렵은 약간 다루기가 어려워 짜증이 나기도 한다.

조그마한 몸속에서 고개를 쳐들기 시작한 자아를 어떻게 다루어야 좋을지 모르는 것이 이 시기 아기의 정신상태이다.

아기 스스로 지금까지와는 달리 감정처리가 잘 안되어서 어려워하는 것이겠지 하는 눈길로 그 반항을 바라본다면 화를 내지 않고도 넘길 수 있으리라.

자아가 정상적으로 잘 자라고 있다면 장래 풍부한 개성으로

꽃을 피우겠지만 이것이 일그러지거나 짓밟혀버리면 인격형성이 '원만'하지 못하거나 모가 난 엉뚱한 성격으로 자랄 수도 있다.

이렇게 생각해보면 첫 번째 반항기란 어찌할 수가 없는 시기가 아니라 사실은 매우 중요한 시기임을 알게 될 것이다.

그림) 팔짱을 끼고 콧방귀를 뀌는 아이

'반항'이 아기의 정신발달의 한 과정이라는 것을 알았으면 그 다음으로 문제가 되는 것이 '그러면 어떻게 다루는가'이다.

모든 일을 아기가 원하는 대로 해준다면 고집스러운 아이로 자라지 않을까 싶어 일일이 꾸짖기만 한다면 자아의 뿌리가 송두리째 뽑혀버리거나 일그러지기 때문에 그래서는 안 된다.

마지막으로 남은 수단은 오직 한 길로 밀어붙이는 것이다.

'이것은 받아주지만 이것은 받아줄 수 없다.'는 어머니의 기준을 확고하게 정해놓고 받아주면 안 된다고 생각될 때에는 단연코 거부하고 너그럽게 보아줄 수 있을 때에는 따뜻이 지켜봐주는 자세가 필요하다.

다만 반항기에 접어든 아기에게는 덮어놓고 안 된다고 하지만 말고 다른 방법이나 교환조건을 달아서 '이렇게 하면 어떻겠니….' 하고 부드럽게 달래보는 것도 효과적이다.

첫 번째 반항기에 어머니가 정면으로 대항할 것이 아니라 어머니로서 아기를 선도하는 마음가짐을 잊어서는 안 된다.

이 시기는 어머니도 아이와 접촉하는 가운데서 성장해나가야 한다.

강한 독점욕

'무엇이든 내가 가져야지.' 하는 소유욕이 강한 시기이다.

자기 장난감은 품에 끼면서 다른 아이의 장난감까지 빼앗으려는 말도 안 되는 짓을 거리낌 없이 해치워 어머니의 입장을 난처하게도 만든다.

자기의 소유물을 도로 빼앗으려고 하지는 않고 상대방 아기를 떠밀거나 할퀴거나 하기 때문에 친구들과 놀아도 늘 싸움이 끊이질 않는다.

'이 엄마는 욕심이 없는데 아이는 어째서 이토록 욕심이 많을까.'하고 비판하고 싶겠지만 이것도 성장의 한 과정이다.

아기는 나쁜 마음을 먹고 그러는 것이 아니므로 어머니는 그저 위험한 사태가 벌어지지 않도록 조심하면서 아기들의 싸움을 따뜻한 눈으로 지켜볼 수밖에 없다.

그림) 장난감을 끌어안고 욕심을 부리는 아기

마음이
너그러운 사람으로 기른다

'미테르린크(Maeterlinck 벨기에의 시인)'의 『파랑새 Oiseau bl-eu』는 행복을 가져다주는 새인데 이 새는 그 사람의 마음가짐에 따라서 누구라도 기를 수 있다고 나는 생각한다.

겉보기에는 충실하게 생활하고 있어도 늘 불평불만으로 가득한 부모의 가정에서 자란 아이와 경제적으로는 넉넉하지 못해도 사람들의 온정에 진심으로 감사하며 언제나 미소 지으며 살아가는 가정에서 자란 아이 중 대체 어느 쪽이 넉넉한 마음의 주인공으로 자라겠느냐는 생각을 해본다.

가까운 곳에서 행복을 찾을 수 있는 사람이야말로 진정 행복한 사람이라 말할 수 있을 것이며 이렇게 할 수 있는 것은 근본적으로 마음이 풍요롭기 때문이라고 생각한다.

아이의 마음은 본래 맑고 깨끗하다. 어머니는 너무 조급히 생각하지 말고 사물의 밝은 면, 아름다운 면을 되도록 많이 인정하는 습관을 어린 시절부터 심어주도록 하자.

일관된 습관을

세 살이 가까워지면 금지나 명령 따위를 조금씩 분별할 수 있게 된다.

자아나 소유욕이 싹트기 시작하는 이 시기는 어머니가 습관을 길러주기 시작해야 하는 때이기도 하다.

좋은 습관을 길러주는 요령은 두 가지를 칭찬하고 한 가지를 나무라는 방식이라고 하는데 반항기의 아이에게는 칭찬하는 육아법이 좀처럼 통하지 않는 경우도 많다. 하지만 좋은 일은 좋다고 인정케 하고 나쁜 일은 나쁘다고 납득하도록 타이르는 일이 중요하다.

한 번 금지한 일을 일관되게 금지하지 않는다든가, 해서는 안 되는 일을 했는데도 어머니가 어물어물 넘겨버리면 좋은 습관을 기를 수 없다.

또 이 시기의 아기에게는 좋은 일이나 나쁜 일이나 당장 납득시키는 방법이 아니고선 별 효과를 거둘 수 없다.

부부간의 말다툼이라면 시간을 두고 차분하게 이해시키는 방법도 효과가 있겠지만 이 무렵의 아이에게는 시간을 두고 나

그림) 아이의 머리를 쓰다듬어주는 아빠

무라도 아무 효과가 없을 뿐 아니라 이유 없이 꾸중을 들었다고 생각하게 되면 역효과를 초래하게 된다.

습관 면에서 또 하나 중요한 것은 온 가족이 같은 자세로 습관을 길러나가야 한다는 것이다.

어머니는 안 된다고 하고 아버지는 좋다고 하고 할머니는 내버려두라는 식으로 가족이 각자의 생각대로 아이의 버릇을 길들인다면 아이는 혼란만 일으킬 뿐이다.

어른끼리의 타협은 '사전'이나 '사후'로 미루고 그 자리에서는 습관을 길러주는 주역의 의견에 전원 따르도록 해야 한다.

자아가 싹틈으로서 그렇지 않아도 혼란해진 아이의 마음을 더 이상 혼란에 빠뜨리는 행위는 어떠한 일이 있어도 삼가야 한다.

사등신四等身에서 오등신五等身으로

죽순 형竹筍型의 머리 부분이 차츰 작아져서 머리와 신장의 대비가 1:5정도가 된다.

다시 말해서 5등신이 되는 셈인데 겉보기로는 제법 스마트하게 보인다.

5등신이 되면 머리도 무겁지 않으므로 꽤 먼 거리도 업거나 안지 않아도 혼자 걸을 수 있게 된다. 잘 걷는 아이라면 약 30분 정도의 거리라도 아무 불평 없이 걸어간다.

달려가거나 뛰어내리거나 발로 공을 차는 동작도 유연하게 할 수 있게 되어 어설픈 걸음걸이도 사라진다.

또 미끄럼틀의 사다리를 혼자 올라가 미끄럼을 타고 철봉에 매달리는 등 몸을 활발하게 움직이며 놀 수 있게 되므로 놀이가 다이내믹하게 확장되어 꽤 장시간의 놀이도 지루함을 모르고 지낼 수 있는 시기이기도 하다.

5등신이 되어 스마트하게 보이느냐 보이지 않느냐는 아기에게는 아무 상관없지만 아무튼 활동하기 쉬운 체형이 되었다는 것은 무엇보다도 기쁜 일이다.

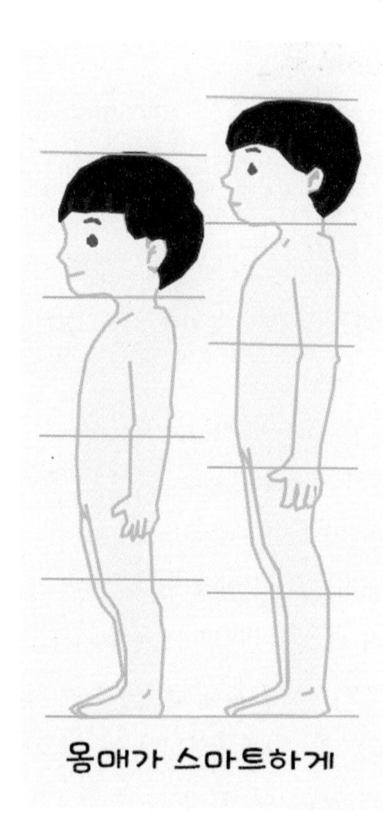

그림) 4등신에서 5등신으로 성장한 아이

협조운동協調運動을 원활하게

2살 ~ 3살

이 시기는 오등신五等身이라는 체형상의 변화와 더불어 신체의 협조운동을 원활하게 할 수 있는 시기이기도 하다.

달리고 팔짝팔짝 뛸 수 있다. 공을 차거나, 성장이 빠른 아기라면 세발자전거 페달을 밟을 수 있다. 음악의 리듬에 맞춰 춤을 추는 등의 즐거운 동작을 할 수 있는 것은 전신의 협조운동이 잘 되느냐의 문제다.

팔짝팔짝 뛰는 동작을 생각해보자.

체구, 손, 발의 근육을 관장하는 신경이 각각 따로따로 작동하면 절대로 '팔짝팔짝' 뛸 수 없다.

인간의 신체는 아주 정교하게 만들어졌다. 아무리 훌륭한 기계로 만든 로봇이라도 당할 수 없을 만큼 정교하다. 특히 이 협조운동은 로봇은 흉내도 낼 수 없는 동작이다.

그것이 유연하게 작동하기 시작하는 시기이므로 어머니는 '위험하다'고 덮어놓고 제지하거나, 실수를 조소하며 자존심을 상하게 하거나, 하려는 의욕을 상실하지 않도록 조심하지 않으면 안 된다.

하지만 가장 피해야 할 것은 '강요強要'다.

'이 정도의 일이라면 할 수 있을 텐데...' 하고 잔뜩 겁먹은 아이를 무리하게 미끄럼틀에 올리면 도리어 역으로 작용하기 쉽다. 능력은 있지만 약간 겁이 많은 성격 때문에 하지 못하는지도 모른다.

어린이는 몸과 마음이 일체가 되었을 때에야 비로소 설레는 마음으로 모험이나 도전을 할 수 있으므로 아이를 잘 관찰하여, 할 수 있는데도 하지 않는 아이는 잘 달래서 의욕을 북돋우고 어른이 약간 도움을 주어 성공하게 해주는 배려가 필요하다.

'제지'도 '강요'도 지나치면 안 되며, 특히 자존심이 왕성한 이 시기에는 그 역작용에 주의를 기울여야 한다.

숟가락도
크레파스도 능숙하게 사용한다

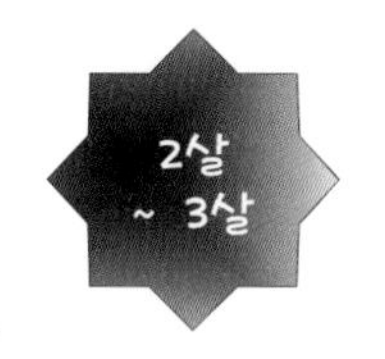

세 살이 가까워지면 손끝을 제법 재치 있게 사용할 수 있게 되어 대여섯 개의 집짓기놀이 나무토막을 쌓고 가위도 사용할 줄 알게 된다.

1살 반 무렵에는 스스로 먹기는 하지만 흘리는 것이 많았다. 하지만 이 시기에는 수저로 떠올린 음식을 별로 흘리지 않고도 먹을 수 있게 되어 식사의 자립이 거의 완성에 가까워진다.

이 무렵이 되어서도 어른이 계속 먹여주면 '식사의 자립' 능력이 충분히 길러지지 못한다. 아직도 혼자 먹는 습관을 들이는 연습을 시작하지 않았다면 이제라도 혼자 먹는 습관을 기르기 바란다.

먼저 숟가락 드는 연습부터 시작해보자.

이 시기에는 스스로 손에 들고 무엇인가를 하고 싶어 하는 의욕이 솟는 시기이므로 연필이나 크레파스 등을 쥐어주면 마음껏 낙서를 한다.

숟가락을 잘 사용할 수 있도록

그림) 혼자 숟가락질 하여 밥을 먹는 아이

이것도 처음에는 어른의 흉내를 내어 써보지만 마침내 종이 위에 무엇인가 그려지는 것을 발견하고는 흥미를 갖는 계기가 될 것이다.

또 생활하는 가운데서 손을 사용하는 일도 차츰 혼자 할 수 있게 된다.

턱받이를 벗거나 옷을 벗거나 끈이 없는 신발을 혼자 신을 수 있는 아이도 있다.

자립심이 왕성할 때에는 어른이 거들어주는 것을 좋아하지 않는 아이가 많은데 보이지 않는 곳에서 약간만 거들어주는 방식으로 도와주면 아기는 크게 만족할 것이다.

실패를 거듭하면서 차츰 새로운 능력이 몸에 배어 스스로 자신감을 갖게 될 것이다.

★ 언어 ★

정확한 언어로 이야기를 들려준다

언어의 발달은 개인차가 크다고 앞에서도 언급했는데 두 살 때까지 거의 말을 하지 못하던 아이가 갑자기 말을 하기 시작하거나, 또 마음속에 꼭꼭 숨겨두기라도 한 것처럼 정말로 많은 낱말을 마치 기관총의 총알이 쏟아져 나오듯이 이 시기에 한꺼번에 쏟아내는 아이도 있다.

평균적으로는 두 마디의 말을 할 수 있는 시기여서 '엄마 찌찌'라던가 '멍멍 갔다' 등의 말을 할 수 있다.

요 1년 사이에 낱말의 수가 훨씬 늘어나 세 살이 가까워지면 700~800개의 낱말을, 드물기는 하지만 그보다 훨씬 많은 낱말을 기억하는 아기도 있다.

자아가 강해서 제멋대로인데다가 사념邪念이 없다는 것도 한몫 거들어서 백지에 먹물이 배어들듯 곧잘 언어나 사물의 이름을 기억하는 시기이다.

자동차의 차종 등을 가르쳐주면 차가 지날 때마다 '소나타' '그랜저'라고 말해서 어른을 놀라게 하는 것도 이 시기이다.

하지만 접속사의 사용방법을 모르기 때문에 아이가 하는 말은 그 말을 잘 알아듣는 가족이 통역하지 않으면 타인에게 정확히 전달되지 못하는 경우도 있다.

바른 말을 사용할 수 있도록 지도하려면 온 가족이 아이 앞에서 언제나 '정확한 언어'를 사용하지 않으면 안 된다.

유행어나 속어(사투리)는 성장한 다음에 사용해도 늦지 않으니 언어의 구성을 배우기 시작하는 이 시기에는 어머니가 정확한 말로 말을 걸어주는 일이 중요하다.

말도 음악과 같아서 어려서부터 좋은 말을 날마다 들으며 자란 아이는 귀가 거기에 익숙해졌으므로 스스로 말할 때도 자연히 바른 말로 이야기하게 된다.

언어의 발달에는 상당한 개인차가 있다. 선천적인 요인도 있고 주위에 말을 걸어주는 사람이 많으냐 적으냐도 관련이 있다.

두 살이 지나서도 전혀 말을 하지 못하는 아이는 청각신경에 문제가 있는지, 지능의 발달이 늦는 것은 아닌지 신경을 쓰고, 의심스러울 때에는 전문의와 상담해볼 것을 권한다.

특히 난청일 경우 조기에 발견하면 그 후의 대책도 세우기 쉬우므로 정상인과 마찬가지로 생활할 수도 있을 것이다.

가정에서 체크할 점은 다음과 같은 것이다.

① 이름을 불러도 돌아보지 않는다

② '엄마 좀 봐요'하고 가리켜도 그 방향을 보지 않는다

③ 말을 한마디도 하지 않는다

④ 어른의 동작을 흉내 내지 않는다

⑤ 자신이 원하는 물건을 남의 손을 끌어당겨서 집게 한다

생활 속에서

식사 매너

식사 매너라 하면 나이프와 포크를 가지런히 놓아둔 구도를 연상하기 쉬운데 여기에서 말하는 매너란 테이블 매너를 말하는 것이 아니라 먹는 본능으로 이어지는 좋은 습관이라는 의미의 매너이다.

손끝을 잘 움직여 숟가락도 능숙하게 사용할 수 있는 반면 가려서 먹거나 돌아다니며 먹는 버릇이 시작되는 시기다.

생활 속에서 '먹는 일'보다 흥미를 끄는 일이 늘어나서 식사에 대한 흥미가 빗나가기 시작한 결과다.

어린이가 하루 세 번, 세 끼의 식사에 일정량을 먹지 않으면 걱정하는 어머니가 이 세상에는 너무 많은 듯하다. 특히 이 시기부터 시작되는 편식 때문에 고민하는 어머니도 많다.

'생각한대로 먹어주지를 않아요.'하는 것이 어머니들의 고민인데, 어린이는 결코 굽어주지 않는다.

이 무렵의 식사 매너로는 원칙적으로 스스로 먹는다, 생각한대로 먹지 않을 때에는 20분이나 30분씩 시간을 제한하고 시간이 오버되면 가차 없이 식탁을 걷어치우는 것이다.

쫓아다니며 음식을 먹여주거나 장시간 식탁에 붙잡아놓고 먹기를 강요하지 말아야한다.

이 무렵의 혼자서 먹기, 다시 말해서 식사의 자립은 다른 생활면의 자립과 의욕으로도 이어진다.

무리한 강요에 못 이겨 억지로 먹는 폐해는 '식사'만으로 끝나지 않는 경우도 생긴다.

식탁에 앉혀두는 것은 일정한 시간을 정하고 그 동안에 스스로 식사를 끝마치지 않으면 안 된다는 기본 매너를 자립심이 생기는 이 시기부터 부디 몸에 배도록 하기 바란다.

음식을 좋아하고 싫어하는 것과 관련해서는 아직 흠잡을 일은 없다.

미국에서 시행한 유아幼兒의 카페테리아 cafeteria실험(음식물의 자유선택에 대한 조사)에 따르면 아기가 좋아하는 대로 먹게 내버려두어도 스스로 자연히 영양의 밸런스를 잡는다는 보고가 있다.

편식을 하지 않는 것보다 더 좋은 일은 없지만 먹는 즐거움마저 못 느낄 만큼 강요당한다면 반항기 어린이의 편식은 점점 더 강경해질지도 모른다.

체벌體罰은 최소한으로

체벌을 보디랭귀지 body language라 부르는 어머니도 있다.

어린이에게 이것만은 무슨 일이 있어도 명심하도록 하고 싶은데 말로는 통하지 않는다거아 흐리멍텅하다고 느낄 때에 육체에 가하는 쇼크를 말 대신으로 삼는다는 것이다.

그러나 아이가 '볼기를 맞는다.'는 것은 상당한 쇼크일 것이다.

그러나 그 쇼크나 아픈 느낌이 '그것은 정말 나쁜 일이구나' 라는 경각심을 불러일으킬 수 있다면 이 시기의 어린이에게 효과적일지도 모른다.

'위험'이나 '다른 사람에게 폐를 끼친다.' 등을 전제로 한 체벌에 의한 습관들이기는 필요하다고 판단되기는 하지만 너무 빈번하게 하면 보디랭귀지로서의 효과는 적어질 것이다.

또 벌을 주는 신체의 부위는 손바닥이나 볼기 정도를 벗어나지 말아야 한다.

알과성인
말더듬은 너그럽게 대해주자

두 살에서 네 살 정도의 어린이에게서 말을 하기 시작하면 더듬거리는 어린이를 흔히 볼 수 있다.

말을 하고 싶지만 첫 말이 빨리 나오지 않거나 같은 음절을 반복해서 말하는 등의 현상이다.

언어가 커뮤니케이션의 수단이 되기 전단계에서는 자기의 마음을 말로 잘 표현할 수 없기 때문에 말을 꺼낼 때 더듬거나 도중에 말이 끊어져 같은 말을 반복하게 되는 것이다.

이것은 언어가 발달해가는 과정에서 나타나는 현상으로 머지않아 매끄럽게 이야기할 수 있게 되니 주위에서 너무 걱정하지 말아야 하며, 이야기를 들어주는 편에서 너그럽고 대범하게 어린이가 말을 생각해낼 시간을 기다려주면서 대응해주면 그런 버릇은 자연히 해소된다.

말꼬리를 재촉하거나 잘못된 말씨에 주의를 주는 따위는 절대금물이다.

일상생활에서의 자립을 지향하는 트레이닝

한 살이 지나서부터 트레이닝을 시작한 어린이라면 낮 동안의 대소변 가리기 정도는 익숙해져서 대부분의 어린이가 기저귀를 채우지 않아도 될 만한 시기이다.

세 살에 들어선 어린이는 팬티도 혼자 벗고 화장실에 갈 수 있는데 이 시기는 아직은 약간 무리여서 우물쭈물하다가 실수하기 쉽다.

또 가리키는 시간이 절박한 때도 많아서 '쉬―'하고 호소하면 당장 뛰어가서 용변을 보게 해주는 일도 중요하다.

애써 알렸는데도 실수를 하게 되면 본인의 실망도 클 것이고 어머니의 입장에서도 대단한 수고를 하지 않으면 안 된다.

노는 일에 정신이 팔려 있다가 시간을 맞추지 못했을 경우도 이 연령에서는 정말로 '어쩔 수 없는 일'이기 때문에 꾸짖지만 말고 '다음에는 꼭 말해야 해요'하고 다음번의 성공에 기대를 걸어보자.

밤사이 채우는 기저귀는 아직 떼지 않아도 괜찮다.

또 옷 입고 벗기도 혼자 하고 싶어 하는 시기이다. 쉽게 입

그림) 아기 엉덩이를 때리는 손

고 벗을 수 있는 스타일의 옷을 입혀주는 것이 이상적이다.

어른이 입혀주려고 하면 골을 내는 어린이도 있으나 아직은 온전히 혼자 입고 벗을 수 없다.

'혼자서도 할 수 있을까?' '참 잘 했어요.'하고 칭찬해주며 힘든 부분은 어른이 도와서 벗고 입게 해주면 어린이는 반항하고 싶어도 반항할 틈이 없을 것이다.

'안데르센'과 '그림'

안데르센(Andersen 1805~1875 덴마크의 동화작가)이라는 이름을 들으면 누구든 맨 먼저 떠올리는 것이 『성냥팔이 소녀』 『미운 오리새끼』 등의 동화일 것이다.

'안데르센'의 동화는 아이들보다 어른들이 더 좋아하는 경향이 있다.

그러나 어린이는 어린이 나름의 방식으로 받아들일 것이며 어린이에게도 인생의 엄격함이나 쓸쓸함을 알려줄 필요는 있다.

이에 비하면 소박한 민화民話에서 취재한 '그림(Grimm 1785~1863 독일의 언어학자. 동화작가)의 동화는 아득한 낙천적 설화가 많다.

『신데렐라』나 『엄지공주』도 재미있는 이야기이지만 『대도』는 특히 재미있게 읽었던 기억이 있다. 영주領主인 백작伯爵의 말과 이불과 교회의 목사를 무사히 훔쳐내는 이야기이다.

이 이야기를 들으면서 스스로 완벽한 대도가 되어 기상천외한 발상으로 대모험에 성공하고 가슴 설레던 어린 시절 생각이 난다.

나이나 성격이나 그 어린이가 놓여있는 심리적 환경에 따라 어떤 동화를 선택해야 좋다고 잘라 말할 수는 없다. 그러나 어린이를 불안감이나 긴장감에서 해방시켜주는 '그림'의 동화나 인생의 엄격함이나 쓸쓸함을 알려주는 '안데르센'의 동화 모두 어린이의 성장에 필요한 마음의 양식이 되어 주리라는 것은 추호도 의심의 여지가 없다.

이러한 생각을 더욱 확대해 보면 '그림'적 유아와 '안데르센'적 유아를 적당히 배합하는 것이 어린이를 훌륭하게 기르는 요령이라고 할 수 있겠다.

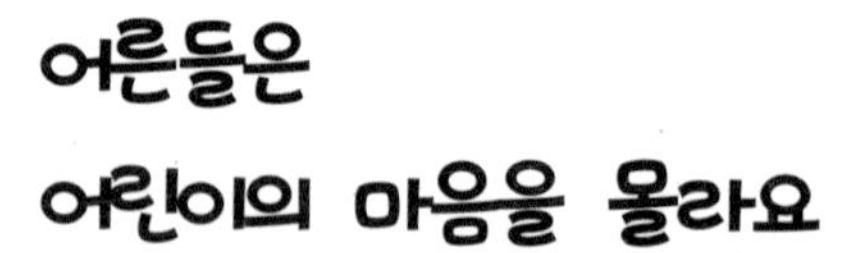

어른들은 어린이의 마음을 몰라요

부모의 마음, 자식들은 모른다는 말이 있다. 분명 이런 자식도 있을 것이다. 이런 사람이라면 결국 인정머리 없고 버릇없는 청년으로 성장하게 될 것이다.

그러나 자식의 마음을 몰라주는 부모도 결코 적지 않으리라. 그보다는 어린이는 어른이 생각하는 이상으로 부모를 생각한다고 보는 편이 낫다. 그러한 예는 여러 가지가 있지만 여기에서는 생략하자.

부모만 일방적으로 어린이를 생각한다는 생각은 분명히 잘못된 것이다. 적어도 '부모 마음 자식들은 모른다.'는 격언은 일반론은 아닌 것 같다.

한 살 미만의 유아乳兒는 어머니의 마음을 알아주지는 못할지라도 어머니의 기분에 동조는 한다. 기회가 있으면 어버이의 마음을 기쁘게 해줘야지, 슬프게 해서는 안 되겠다는 애처로운 노력은 거의 모든 유아幼兒에게서 찾아볼 수 있다.

초등학교에 입학한 큰딸이 박하(薄荷: 약초의 일종) 잎을 이마에 붙이면 두통이 없어진다는 말을 듣고 교정에서 발견한 박하

잎을 따 두통을 앓고 있는 어머니를 위해 손에 들고 돌아왔던 어릴 적 모습이 기억난다.

이기적이고 인정머리 없는 사람이 되는 것은 자기만 아이를 생각한다고 착각하는 어머니 탓이라고 생각하는데 여러분의 생각은 어떠신지?

우리나라에는 예로부터 전해져 내려오는 속담에 '세 살 버릇 여든까지 간다.'는 말이 있다. 세 살까지 성격이 형성되고 그것은 나이가 들어서도 변치 않는다는 뜻이다. 유아기乳兒期 육아의 중요성을 설명하는 속담으로 지금까지도 통용되고 있다.

그림) 뛰어가는 두 어린이와 강아지

세 살 버릇 여든까지

— 좋은 습관을 길러줄 때는 바로 지금 —

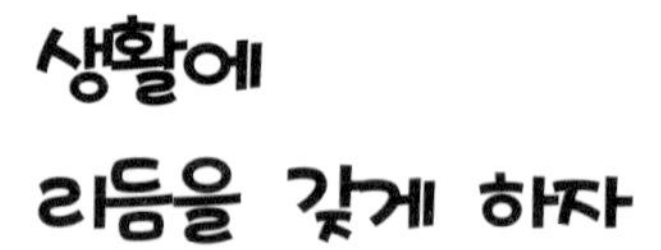

생활에 리듬을 갖게 하자

불규칙한 생활은 건강에도 도움이 되지 않는다. 그날그날의 생활이 일정한 리듬을 타고 흐르도록 어른들이 배려하자.

기상, 식사, 간식, 잠자는 시간을 정해놓고 그 시간이 되면 '안녕히 주무세요.'하고 인사한 다음 잠자리에 들게 지도하자.

때로는 응석을 부리며 잠시 어머니의 품에 안기지 않으면 잠들지 못하거나 책을 읽어주지 않으면 잠들지 못하는 어린이도 있을 것이다. 시간이 허락한다면 그렇게 해주는 것도 좋은 일이다. 뿌리치고 혼자 자게 하는 것과 어린이에게 충분히 만족감을 준 다음 혼자 자게 하는 차이를 이해하기 바란다.

자립을 도와주는 환경을 조성해주자

하나에서 열까지 어머니의 손을 빌리지 않으면 살아갈 수 없던 아기시절을 벗어나 자기의 일은 스스로 하는 자립을 향해 서서히 나아가며 익숙해져가는 것이 유아기幼兒期이다.

'이제 다 했으니까——' 하고 갑자기 놓아버릴 것이 아니라 능력에 따라 도움을 주고 격려하며 자립심을 길러주자.

유아시절 幼兒時節

그림) 토끼인형과 함께 잠든 아이

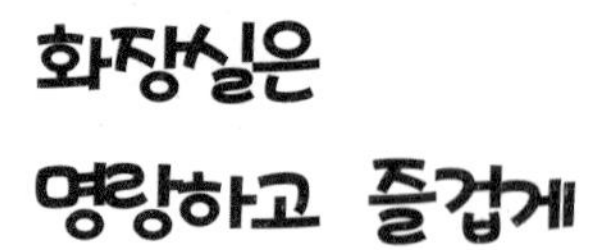

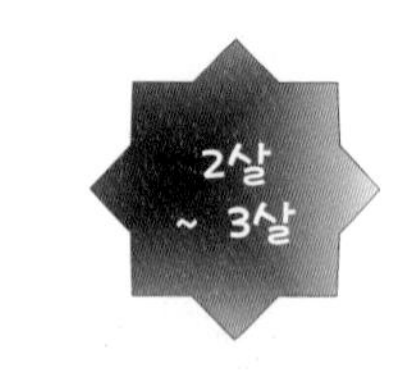

똥이나 오줌을 누는 버릇은 신체 구조가 완성되지 않았는데 무리하게 습관을 들이려면 성공하지 못할 뿐만 아니라 정신적으로 비뚤어지기 쉽다. 한 살 반에서 두 살까지 '쉬—'나 '응가—'라는 말을 가르치게 되는데 여기에는 개인차가 꽤 있고, 또 싸버린 뒤에 말하는 경우도 있다. 세 살이 되어서도 놀이에 정신이 팔려 자신도 모르게 싸는 일도 드물지 않다.

그런 경우에는 덮어놓고 나무라지만 말고 잘 누었을 때에 칭찬하기를 잊지 말아야 한다. 화장실이 어둡거나 무서운 곳으로 생각되지 않도록 밝고 즐거운 환경을 만들어줄 필요가 있다.

좌변기가 너무 높으면 발판을 만들어주자. 좌변기의 둘레를 작게 만든 보조변좌補助便座도 시판하고 있으니 잘 활용하자.

또 측면의 벽에 잡을 수 있도록 손잡이를 달아주기만 해도 안심하고 변기에 앉게 된다.

어린이는 양변기가 사용하기 쉬운데 재래식 화장실에 부착하는 양변기도 시판하고 있다.

그림) 변기 옆에 발판을 놓아둔 화장실과 아이

한동안은 유아용 변기를 사용해 앉아서 똥이나 오줌을 누는 일에 익숙해지게 한 뒤 화장실을 이용하게 하는 것도 좋은 방법이다.

세면대는 키가 닿는지

어린이는 무엇이든 어른과 동등하게 취급해주기를 원한다. 그리고 어른의 행동을 흉내 냄으로서 자연히 능력을 길러나간다. 아침의 세수, 양치질도 어린이 스스로 흥미를 가지고 씻으려 한다.

이러한 때에는 어린이용 세면용구를 준비해주자. 세면대나 수도꼭지, 수건걸이 등도 어린이의 손이 닿을 수 있도록 연구하자.

일상생활에서의 좋은 '습관들이기'이므로 끈기 있게 매일 계속하는 것이 중요하다.

어머니 아버지와 함께 한다는 의식을 갖게 해주면 좋다. 당당한 인격자로 인정받았다는 점에 긍지를 가지고 자립을 향해 스스로도 노력하게 된다.

하지만 아직도 세면대 주위를 물바다로 만들거나 잠옷이 흠뻑 젖거나 치약튜브를 짜며 장난을 치는 등 당분간은 어머니를 고민에 빠뜨릴지도 모른다.

"안 돼, 안 돼, 넌 아직 서툴러."하며 강제로 빼앗아버리면 나이가 들어서도 잘하지 못할 것이다.

그림) 세면대 앞 발판 위에 서서 아빠와 함께 양치질하는 아이

그림)파자마를 입는 아이와 토끼인형

벗고 입기에 편리한 디자인의 옷을 선택하고 처음에는 어른이 도와서 입고 벗는 요령을 가르쳐주자. 어린이가 익숙해지면 될 수 있는 대로 스스로 하게 하고 잘했을 때에는 칭찬해주자.

옷은 입기 쉬운 것부터 차츰 어려운 것으로

그림) 옷을 입으며 단추를 채우는 아이

양말은 좌우의 구별이 있는 것은 모양으로 기억하게 하고 한 켤레씩 묶어서 정리해둔다.

그림) 토끼 그림이 그려진 양말과 고양이 그림이 그려진 신발

신발은 운동화가 최고다. 좌우를 반대로 신고 다니는 어린이도 많은데 표시를 해서 기억하게 한다. 뒷굽은 밟아서 접히지 않도록 반듯하게 신고 걷도록 가르친다.

물자가 풍부하게 나도는 오늘날 오히려 마음이 가난해질 염려가 있다. 새로 나오는 장난감마다 사주고 인형처럼 옷을 자주 갈아입히고 그 옷들이 작아지면 미련 없이 버리는 생활태도는 어린이를 위해서도 바람직하지 못하다. 물건을 소중히 다루고 아끼는 마음은 이 시기부터 길러주는 것이 좋다.

정리하는 습관이나 옷을 정리 정돈하는 습관도 물건을 소중하게 생각하고 아끼는 마음에서 생긴다.

일상생활에서 자기 옷의 정리정돈

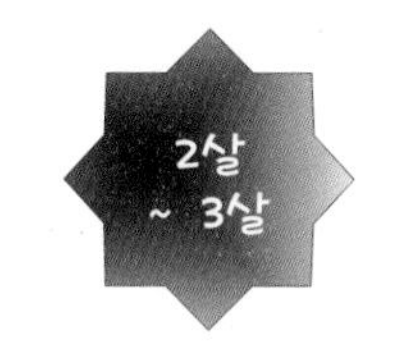

어린이를 위한 옷장이 있으면 정리가 쉽겠지만 어른과 함께 사용하더라도 한 곳을 어린이 전용 서랍으로 정해주자.

아버지가 만든 선반에 상자만 진열해 놓아도 훌륭한 옷장으로 이용할 수 있다. 각 가정에 맞는 방법으로 어린이의 체구를 고려하여 정리하기 쉬운 자리를 정하고 스스로 꺼내고 넣도록 환경을 조성해주자.

날마다 갈아입는 내복류는 두는 장소를 정해두면 어린이 스스로 꺼내 입는다. 또 세탁물도 잘 개서 지정된 자리에 정리할 줄도 알게 된다.

이 시기의 어린이는 어머니가 시키는 일이나 부탁한 일을 해냈을 때의 기쁨이 커서 잘만 지도하면 신바람이 나서 해준다.

유아에서 초등학교시절을 통해 일상의 작은 일을 쌓아가다보면 정리정돈이 몸에 배게 된다.

옷장의 서랍 따위에는 지정된 장소를 표시하는 그림 스티커를 붙이는 등 세심하게 배려하면 더 좋다.

장난감의 정리

장난감을 방 안 가득 늘어놓고 놀다가 놀이가 끝나면 말끔히 정리하는 습관도 이 무렵에는 놀이 가운데에서 자연히 몸에 밴다. 왜냐하면 방 안의 정리정돈도 어린이에게는 놀이의 하나이기 때문이다.

네 살, 다섯 살로 성장함에 따라서 이러한 습관은 길들이기가 어려워진다. 이 때부터 즐겁게 실행하도록 하는 것이 좋다.

그런데 장난감의 정돈은 어느 가정에서나 고민이다. 어른들의 눈에는 잡동사니나 쓰레기처럼 보여도 어린이에게는 소중한 보물일 수 있다.

그래서 어린이에게 정리를 맡긴 이상 어른이 제멋대로 처분하거나 정리해서는 안 된다. 어린이의 아성牙城을 어른들도 함께 지켜주도록 하자.

그림) 어린이 서랍장 겸 장난감 선반

그림) 곰 인형을 안은 여자아이

식사는 즐겁게 그리고 단정하게

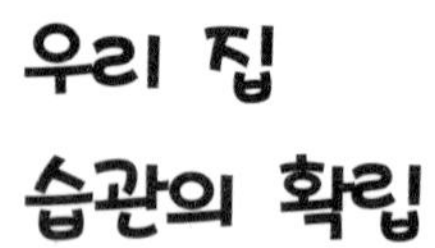

어른의 경우 그 사람이 식사하는 태도를 보면 자라난 과정을 알 수 있다고 한다. 여기에서 말하는 자라난 과정이란 물론 빈부를 말하는 것은 아니다.

범절이 있는 가정에서 자라났느냐 어떠냐는 식사를 통해서 짐작할 수 있다는 의미이다.

식사를 하는 인간에게는 평생 따라다니는 생활의 일부를 이 시기부터 중요시하며 가정 내의 범절을 가르치자.

반드시 지켜야할 것은 그렇게 많지 않아도 좋다. 이를테면 소리를 내지 않고 먹고 모두 모였을 때 먹는 따위의 한두 가지 규칙을 만들고 그 규칙을 꼭 지키는 것이 식사예법이다.

식생활의 양상이 달라지고 있다

그림) 온가족이 모여 함께 식사하는 모습

우리의 식생활은 할아버지 할머니가 자라던 시대와는 많이 달라졌다. 한마디로 말하면 서구화했다고 할 수 있다.

하지만 최근에는 우리의 식생활을 반대로 서구에서 주목하는 아이러니한 현상이 일어나고 있다.

요컨대 우리 음식의 장점과 특성을 남기고 서구의 장점과 특성을 받아들이는 유연한 자세가 중요하다.

방바닥에 단정히 앉아서 묵묵히 먹는 식사풍경도 이제는 옛말이다. 현대에는 온 가족이 함께 모여서 즐겁게 먹는 것이 평화로운 가정의 심벌이다.

편식하는 버릇에 대해서

좋아하는 음식과 싫어하는 음식이 있으면 학교에 들어가서 급식을 만족스럽게 먹지 못하는 등 가장 힘든 것은 본인이다.

어린이에게는 좋아하는 음식과 싫어하는 음식이 분명 있다. 무리하게 먹이지 않아도 될 만큼 대체식품도 많지만, 문제는 본래 싫어하지 않아도 될 식품을 인위적으로 싫어하게 만들어 버린 경우가 많다는 점이다.

이를테면 가족 중 누군가가 조심성 없이 맛이 없다고 말하거나 늘 불평을 늘어놓으며 먹으면 어린이도 그렇게 된다. 또 어린이가 좋아하는 반찬만 골라 먹이는 경우다. 그런 어머니에게 물어보면, '우리 아이는 좋아하고 싫어하는 음식이 없어요.'라고 대답한다. 그러나 실은 어린이가 싫어하는 음식은 모두 피하기 때문에 그런 음식은 아예 식탁에 올리지도 않는다. 그렇기 때문에 그 어린이의 식생활은 매우 폭이 좁으며 어른이 되어서도 그 폭은 늘어나지 않는다. 그러니 어려서부터 여러 가지 음식을 먹는 경험을 하게 해주어야 한다.

간식은 시간을 정해서

간식이란 어린이에게는 무엇보다도 큰 즐거움이다. 하지만 어린이가 조른다고 아무 때나 주면 간식의 즐거움도 반으로 줄어든다. 간식은 시간을 정해놓고 먹이는 것이 이상적이다.

한마디로 간식이라고는 하지만 그 내용은 여러 가지다. 식사의 일부라 생각하고 영양이 있는 음식을 중심으로 하고 거기다가 즐거움을 플러스한다는 사고방식이 일반적이다.

이를테면 소시지나 치즈, 감자튀김 등은 어린이가 좋아하는 스낵 간식이다.

어머니가 직접 만들어주는 간식이라면 한층 더 기뻐할 것이고 첨가물이 없으니 건강에도 좋을 것이다.

음료에도 주의가 필요하다. 탄산음료나 과즙이 적은 주스류는 삼가는 것이 좋다. 단맛이 강하기 때문에 식욕부진의 원인이 되기도 한다. 여름철에는 특히 주의하는 것이 좋다. 이것도 어려서부터의 습관이다. 나쁜 습관이 배지 않도록 유아기幼兒期부터 마음을 써주기 바란다.

식사 후의 양치질

식사를 한 뒤에는 반드시 양치질 하는 습관을 들이기 바란다. 식사 뒤 3분 이내에 이를 닦는 것이 충치예방의 결정적인 수단이라고 한다.

그림) 양치 컵에 꽂힌 칫솔

날마다 하는 일이니 어렵겠지만 아버지 어머니도 부디 하기 바란다. 어린이의 충치는 부모의 책임이다.

성장에 어울리는
예의범절

그림) 앞치마를 두른 아이

'예의범절'이라 하면 강요로 느껴질지 모르겠으나 여기에서는 '좋은 습관을 몸에 배게 한다.'는 의미로 쓰고 있다.
좋은 습관이 몸에 배게 하려면 언제, 어떻게 하는 것이 좋을지 생각해보자.
예의범절의 교육은 신체의 발육, 기능의 성숙, 어린이의 의사가 갖추어져야 성공한다.

식사전후나 밖에서 돌아오면 양치질을 하고 손을 씻는 습관을 몸에 배게 해주자.

날마다 하는 일이므로 끈기 있게 계속하도록 노력해야 하며, 아버지 어머니가 좋은 본보기가 된다.

세면대가 높거나 수도꼭지가 높은 곳에 달려있어 어린이의 손이 닿지 않을 경우에는 발판을 놓아주는 등의 연구를 하자.

어린이도 어른과 마찬가지로 행동하고 싶어 하니 스스로 하고 싶어 하면 잘 지도하자.

이 닦기도 양치질을 할 줄 알게 되면 혼자서도 할 수 있으니 아침, 저녁, 그리고 식사 후 곧 이를 닦는 습관을 길러주도록 하자.

오줌
싸는 것은 너그럽게 보아주자

화장실 트레이닝 배틀 toilet training battle이라는 말이 있다. '오줌 누기 전쟁'이다. 오줌 누기를 둘러싼 어머니와 아기의 승강이는 전쟁처럼 심하게 정력을 소모하므로 끈기의 대결과 같은 느낌이다.

여기에서 가장 중요한 것은 어린이의 신체 성숙도에 맞추어 타이밍에 맞게 습관을 들여야 한다는 것이다.

다시 말해서 방광이 가득 찬 것을 느끼고 자유롭게 배설하는 능력이 생기지 않으면 오줌 누는 버릇은 성공하지 못한다.

첫돌을 전후해서 일시적으로 오줌 마렵다고 호소하는 어린이는 조건반사에 지나지 않으므로 개월 수가 늘어나면 없어지고 만다.

오줌 마렵다는 의사를 정말로 표현할 수 있는 시기는 두 살 정도라고 생각하면 된다. 게다가 자기 의사로 배뇨조절을 어른처럼 할 수 있게 되는 것은 네 살 반 경이다. 그 때까지는 어머니가 아무리 조급하게 버릇을 가르치려 해도 아무 의미가 없다. 실패를 해도 너그럽게 보아주자. 배변을 온전히 혼자서

할 수 있는 나이는 대략 네 살 경이라 생각하기 바란다.

또 대소변을 혼자 가릴 수 있게 되어 뒷갈망도 잘하게 되었구나 생각하고 있는데 갑자기 실수하거나 놀이에 정신이 팔려 싸버리는 경우도 간혹 있다.

아우가 생겼을 때나 환경의 변화가 생겼을 경우 그런 현상이 많다. 이러한 때에는 나무라지만 말고 마음을 충족시켜주는 일이 선결이다.

밤에 오줌 싸는 버릇도 마찬가지여서 야뇨夜尿는 방광膀胱의 눈물이라 할 만큼 감정의 지배를 많이 받는다. 나무라지 말고 격려해주는 것이 유일한 해결방법이다.

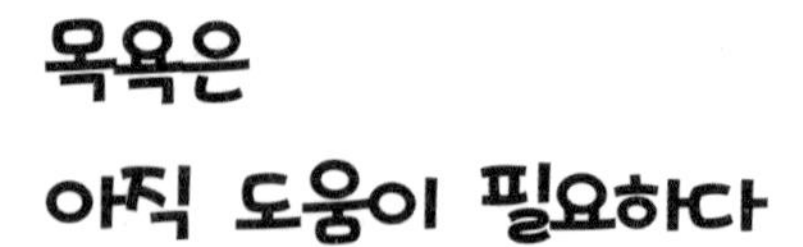

목욕은 아직 도움이 필요하다

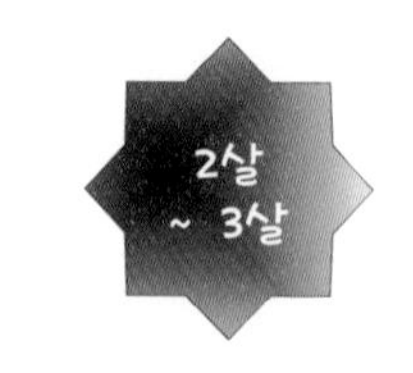

어린이는 신진대사가 활발하고 많이 움직이기 때문에 더러워지기 쉬워 목욕은 매일 해야 한다.

그러나 아직 혼자서는 몸을 깨끗이 씻을 수 없는 것이 보통이다. 씻는 방법을 가르쳐주거나 머리 감는 방법을 가르쳐주며 알몸 커뮤니케이션을 겸해서 아버지나 어머니와 함께 씻는 것도 좋다.

어린이가 목욕을 싫어하게 되는 것은 물이 너무 뜨겁거나 눈에 비눗물이 들어가거나 하는 일들이 계기가 되는 경우가 있다. 늘 즐겁게 목욕할 수 있도록 세심히 배려하기 바란다.

신변의 일을 스스로 할 수 있게 된다

신변의 일들을 어느 정도 혼자 할 수 있게 되는 것은 세 살에서 네 살경이다. 모든 일을 어른이 도와주거나 앞장서서 해주면 평생 혼자 하지 못한다.

옷은 어린이가 입고 벗기 쉬운 것으로 선택하고 될 수 있는 대로 혼자 입고 벗도록 한다. 시간이 좀 걸려도 포기하지 않도록 격려해주자.

그 밖의 일상생활에서도 여러 가지 일들을 혼자 할 수 있게 된다. 손이 더러워지면 혼자서 씻고, 콧물이 흐르면 혼자서 코를 풀고, 휴지는 휴지통에 버리고, 놀고 난 뒤에는 장난감을 정리하고, 옷이나 내복이 더러워지면 스스로 갈아입을 수 있다.

스스로 하고 싶어 하는 시기를 놓치게 되면 무슨 일이든 어머니나 가족이 해주지 않으면 아무것도 하지 못하는 어린이가 되어버린다.

숟가락을 사용해서 먹도록

세 살이 되면 식사는 꽤 능숙하게 할 수 있게 되고 숟가락을 쥐고 먹던 어린이도 이 시기에 잘 가르쳐주면 젓가락을 이용해서 먹을 수도 있게 된다. 초등학교에 들어가서도 젓가락을 사용할 줄 모르는 어린이도 있는데 이것은 부모가 진지하게 가르쳐주지 않은 결과다.

식사 도중에 앉았다 섰다 장난을 치는 버릇이 있는 어린이가 있다. 또 TV를 보면서 식사하는 일이 일상화된 가정도 있는데 차분히 앉아서 식사를 즐기는 습관을 이 시기부터 몸에 배게 하는 것이 중요하다. 돌아다니며 먹는 버릇은 엄격하게 금하기 바란다.

자기의 역할을 완수하게 한다

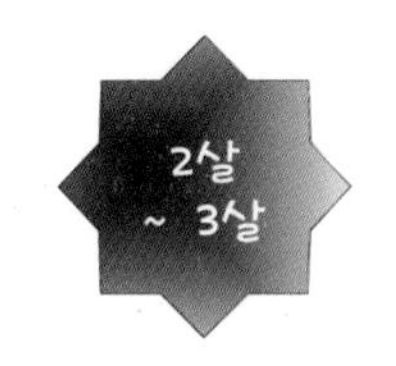

식사준비나 설거지, 심부름 등은 다루는 방법에 따라 어머니를 도와준다는 의식을 가지고 적극적으로 해주기도 할 것이다.

어린이의 역할을 분담해서 정해주고 매일 그 책임을 완수하게 하는 것은 매우 좋은 방법이다.

아주 간단한 일이라도 좋으니 매일 빠뜨리지 말고 계속하는 것이 중요하다. 부모의 규칙위반이나 예외는 브레이크의 작용을 하니 세심하게 주의를 기울여야 한다.

생명의 중요성(2)

잡아온 게를 기른 세 살배기 어린이의 체험은 비단 생명의 중요성을 아는 일에만 머무르지는 않았으리라 생각한다.

추운 겨울 동안 모습을 감춰버린 게의 안부를 염려하며 길고도 불안한 시간을 꾹 참고 견뎌내는 마음이나 조금이라도 게가 활동하기에 편하도록 수조를 따뜻한 곳으로 옮겨놓는 등, 생명을 지키기 위한 세심한 배려를 생활 속에서 자연스럽게 배웠을 것이다.

아버지가 아침에 일어나 반드시 화분에 물을 주는 일을 일과로 삼는 가정에서는 어린이도 아버지의 뒷모습에서 식물植物을 소중히 기르는 마음을 배우게 될 것이다.

귀뚜라미 1마리, 고양이 1마리의 생명이라도 온 가족이 힘을 합쳐 지키는 자세를 보며 어린이는 알게 모르게 '생명의 소중함과 존엄성'을 배우게 된다.

이러한 어린이는 장래 틀림없이 자신과 가족의 생명을 소중하게 여기며 지켜나갈 것이다.

사회 속으로

생활의 중심이 가정이었던 지금까지와는 달리 넓은 세상을 향해 밖으로 나가는 것이 세 살이다. 체형도 늘씬해지고 운동놀이에도 자신감이 생기는 연령이다. 사회로 향하는 흥미나 관심도 커져서 새로운 일을 요구하고 친구를 원하며 외계로 나가는 중요한 때이기도 하다.

안전교육

건강한 어린이는 밖으로 나가고 싶어 한다. 집 근처에 안전한 공원이 있다면 다행이지만 좁은 곳이라도 금세 즐거운 놀이를 생각해내는 것이 어린이들이다. 다만 교통사정이나 도시의 과밀지역은 어린이들의 안전을 보장해주지 않는다. 우선적으로 위험에서 몸을 지키는 방법을 가르치자.

놀아도 좋은 장소와 들어가서는 안 되는 장소를 구분해서 가르쳐주고 약속을 지키도록 한다. 교통신호에 따라서 안전하게 걷고 길을 건너는 방법을 구체적으로 가르쳐주어야 한다.

길 한복판으로 뛰어드는 것은 가장 위험한 일인데 어른도 어린이의 눈높이에서 좌우의 시계視界를 확인하고 전망이 나쁜 위험한 장소는 피하도록 가르치자.

근처에 놀이터가 없는 경우, 또 위험한 도로를 건너서 놀러 갈 경우에는 어른의 보살핌이 아직 필요하다. 어머니들이 일을 분담하여 당분간 지켜봐주어야 한다. 또 놀러가는 장소와 귀가시간을 지키게 하는 등 자유와 방종의 구분을 가르치자.

공중도덕

공중도덕이라고 하면 엄격한 도덕교육으로 생각하기 쉬운데 결코 그렇지 않다. 남에게 폐를 끼치지 않는 법, 남에게 혐오감을 주지 않는 매너를 몸에 배게 하는 등 기본적인 예의범절을 이 시기부터 몸에 배도록 해주어야 한다. 이것은 곧 어린이를 하나의 인격체로 대우하는 일이기도 하다.

어린이라는 특권을 이용해서 새치기를 하여 차를 타거나, 남을 앞질러 전철에 올라타고, 노인을 밀어제치고 자리를 잡는 등의 행위는 부끄러운 행동이다. 어머니가 먼저 좋은 본보기가 되어야 한다.

그림) 버스정류장에서 줄을 서서 차례를 기다리는 사람들

집단사회 속으로

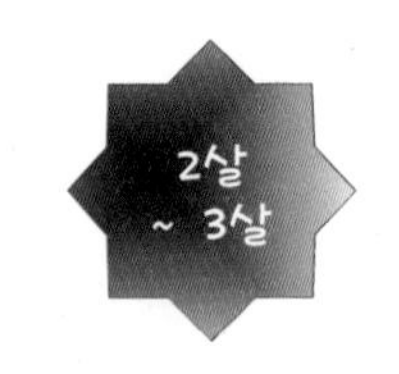

네 살 경부터 어린이집이나 유치원 등 집단생활에 들어가는 어린이가 많은데 유연하게 집단생활에 적응할 수 있도록 다음 사항을 체크하자.

① 자신의 이름을 말할 수 있는가
② 이름을 부르면 예~ 하고 대답할 수 있는가
③ 대소변 후 뒤처리를 혼자서도 할 수 있는가
④ 남의 물건과 자기의 물건을 구별할 줄 아는가
⑤ 옷은 혼자 입고 벗을 수 있는가
⑥ 어머니와 떨어져 있을 수 있는가

어린이들 모두가 처음부터 집단생활에 바로 들어갈 수 있는 것은 아니다. 그 어린이 나름의 방법으로 즐거운 집단생활을 영위할 수 있는 방법을 차츰 몸에 익혀나가야 한다.

규칙과 매너(1)

규칙이나 매너는 집단생활을 하는 가운데서 자연히 몸에 배는 일이 많다. 다만 그 기본이 되는 예의범절은 가정에서, 그것도 유아기幼兒期에 몸에 배게 할 필요가 있다.

① 남에게 폐를 끼치지 않는다

② 위험한 것을 피한다

이 두 가지는 부디 유아기幼兒期부터 습관을 들이기 바란다.

외국인은 남에게 폐를 끼치는 행위에 대해 대단히 엄격하다.

예를 들면 레스토랑에서 어린이가 떠들거나 남에게 폐를 끼치는 행위를 하면 즉각 밖으로 쫓아내버린다.

공공장소에서의 매너나 규칙 위반은 어린이라도 허용하지 않는다.

일상의 매너는 국가나 가정에 따라 방침이 다르기 때문에 일반론을 들어 말할 수는 없지만 윤리적, 도덕적으로 용서할 수 없는 행위에 대해서는 부모가 의연한 태도를 취해야 한다.

3살 ~ 4살

성장의 마디를 무사히 세 고비나 넘겼다.
인간으로서의 기초공사를 끝내고 드디어 본 공사에 들어가는 셈이다.
체형도 동작도 대화도 '어린이답다'는 표현이 잘 들어맞는 시기에 접어든 것이다.
신체의 근육이 잘 발달되어 협조운동이 더욱 원활할 뿐 아니라 평형감각平衡感覺도 갖추어지기 때문에 여러 가지 기구를 이용한 운동도 할 수 있게 되고 밖에서의 놀이가 즐거워서 어쩔 줄을 모르는 시기이다.

세 살이 지나면 사회성이 급격히 발달하여 친구와 함께 협조놀이를 하게 된다. 일상적인 대화가 자연스러워지므로 친구와의 결속도 강해진다.

손끝은 잘 움직일 수 있게 되어 가위를 사용할 수 있고 그림도 형체가 있는 그림을 그릴 수 있게 된다.

젓가락을 사용해서 식사를 할 수 있고, 단추도 자유자재로 끼웠다 풀었다 하고, 혼자 옷을 입었다 벗었다 하는 등 생활면에서 거의 모든 일을 스스로 할 수 있게 된다.

아직 약간 어설픈 면은 있지만 한 인간으로서 사회에 적응해나가는 능력이 생긴 것이다.

규칙과 매너(2)

필자의 소아과의사로서의 체험 가운데 '언어장애아 습관들이기'에 실패한 예가 있다.

언어장애라는 핸디캡을 고치려면 유아기幼兒期에 풍부한 생활경험을 쌓게 해주는 것이 중요하므로 금지를 적게 하고 자유롭게 행동하게 하라고 그 부모에게 지도했다.

이렇게 생활에 변화를 주면 말이 자연히 입에서 나오는 계기가 많아져 자기도 모르게 '아파' '뜨뜨(뜨겁다)'라는 말이 나오게 된다.

그런데 한 어머니가 '금기를 적게' 라는 말을 '어린이가 하고 싶은 대로'와 혼동했기 때문에, 그 어린이가 초등학교에 입학할 무렵에는 신호를 무시하고 남의 물건을 거침없이 뺏는 등 규칙이나 매너를 온전히 지킬 수 없는 어린이가 되어버렸다.

이것은 병적인 어린이의 예이기는 하지만 건강한 어린이라도 다를 것 없다고 생각한다. 습관들이기의 최적기를 놓치면 훗날 교정이 대단히 어렵다.

세 살은 기억을 시작하는 나이

세 살은 기억을 시작하는 나이

사람은 과거의 기억을 어디까지 거슬러 올라가 할 수 있을까? 통계적으로 조사한 일은 없지만 보통은 세 살에서 네 살 경이라 생각된다.

예를 들면 집 뜰에 있는 감을 따려고 할 때 아버지는 그것을 따지 못하게 하였다. 그 이유는 아버지의 사업이 실패해서 가산이 남의 손에 넘어갔기 때문인데 당시 그 어린이는 자기가 크면 이 집을 꼭 되찾아야겠다고 결심했다고 한다.

또 한 대학교수는 어려서 들놀이 갔을 때 가족과 함께 먹은 음식이 너무나도 맛있었다는 것과 뜰에 모기장을 치고 그 안에서 잠을 잔 기억을 회상한다.

세 살은 여러 의미에서 인생의 전환점이라 하는데, 우리 일상생활의 대부분이 과거의 기억에 의해 지탱되고 있는 점을 감안하면 세 살은 기억이 시작되는 연령이라는 의미에서도 중요한 전환점이다. 그러나 세 살을 전환점이라고 생각하는 더 중요한 이유는 여러 가지 사건에 대한 반응, 또는 대응하는 방법이 세 살을 중심으로 하는 유아기幼兒期에 만들어진다는 점 때문이다.

필자가 유독 지진을 싫어하는 정도는 궤도를 크게 벗어나 근무하는 병원에서도 모르는 사람이 없을 만큼 유명하다. 아무리 깊이 잠들었어도 지진이 나면 펄쩍 잠이 깨어 맨발로 밖으로 뛰어나가는 일도 드물지 않다. 하지만 그러한 나에게도 나름의 이유가 있다.

대지진이 일어난 것이 마침 내가 세 살 때였고 양친 중 누군가가 나를 안고 밖으로 대피했다는 이야기를 후에 들었다. 그러기 때문에 지진이 일어나면 펄쩍 달아나는 반사운동신경이 생겼다. 그러니 달아나는 것은 목숨이 위험하다고 판단했기 때문도 아니고 하물며 처자가 어떠니 하고 생각할 겨를은 더더욱 없는 셈이다.

요컨대 저자의 도피행동은 반사운동이라 대뇌피질이 관여한 것이라는 것이 나의 변명이다.

아무튼 대인관계를 포함하여 여러 가지 환경변화에 대응하는 방법 가운데에는 유아기幼兒期에 지어진 조건에 기인하는 일이 적지 않다. 그리고 그것들이 전체적으로 하나의 성격을 형성하여 어른이 되기까지 존속해나가는 것이라 생각된다.

'세 살 버릇 여든까지 간다.'는 말은 생각할수록 진리임을 새삼 깨닫는다.

★ 마음•사회성 ★

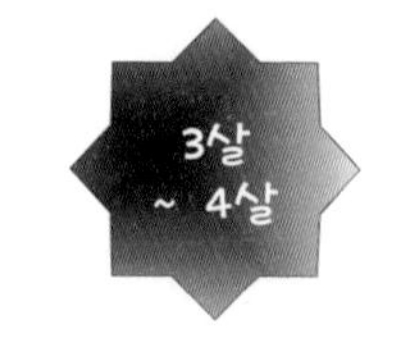

친구와의
놀이로 사회성이 길러진다

독점욕, 소유욕, 제멋대로인 첫 번째 반항기의 흔적은 남아 있지만 세 살이 지나면 어린이끼리 사이좋게 놀 수 있게 된다.

세 살 된 어린이는 오히려 친구를 갖고 싶어 하고 함께 놀고 싶어 하는데 친구와 함께 어울리는 가운데에서 사회성이 길러진다.

가끔 소유욕이 고개를 쳐들어도 함께 노는 즐거움을 알면 자기의 장난감을 빌려주며 사이좋게 노는 편이 낫다는 생각을 하게 되어 서로 양보한다.

사고력이나 이해력이 부쩍 자라난 이 시기가 되면 유치원이나 어린이집 등의 집단생활에 무리 없이 융화된다.

이 무렵이 되면 어머니는 아기가 노는 범위에 끼어들지 않고 약간 거리를 두고 관망하는 것이 바람직하다.

약간의 승강이가 시작되어 '어떻게 될까.' 걱정하노라면 어느 새 다시 친해지는 것이 이 무렵 어린이의 특성이다.

그림) 가위 바위 보를 하는 두 친구

작은
수를 알게 된다

차츰 수에 대한 흥미나 개념이 생긴다. 많은 수나 복잡한 수는 아직 모르지만 두, 세 개까지는 가리킬 수 있고 어느 쪽이 많은지 구별할 수도 있다.

과일이나 과자를 늘어놓고 천천히 수를 세거나 '몇 살?'하고 물어서 나이를 대답하게 하는 방법도 좋다.

물론 물건의 수와 나이를 연관시킬 필요는 없다.

다만 막연하게 하나, 둘, ..., 이라는 물건을 세는 말이 있다는 정도만 이해할 수 있으면 된다.

일상의 대화 가운데에서 '몇 개를 갖고 싶어요?'라던가, '하나만 가져요.'하는 식으로 '수'를 넣어서 말해 버릇하면 어린이는 자연스럽게 세상에는 '수'라는 것이 있구나하고 기억할 것이다.

자기 이름도 말하고 남의 이야기도 듣는다

낱말의 수가 더욱 늘어나 말도 썩 잘하게 된다.

낱말을 아무렇게나 늘어놓는 것이 아니고 접속사나 토씨도 제대로 넣어서 문장으로 이야기할 수 있게 된다.

'이름이 뭐죠?'하고 물으면 정확히 자신의 이름을 말하고 간단한 대화도 나눌 수 있다.

가족이나 유치원 선생님의 이야기를 듣고 그 의미를 이해하고 또 기억해둘 수도 있게 된다.

그러나 말은 알고 있지만 소극적인 성격 때문에 말 수가 적은 어린이도 있다.

또 부모가 앞서서 말을 많이 하면 입을 열지 않아도 되기 때문에 말을 하지 않는 어린이가 되는 예도 있다.

이 시기의 말은 걸음걸이로 치자면 걷기 시작해서 겨우 혼자 걷는 데 자신이 붙기 시작한 시점이다.

어린이의 이야기는 정중하게 들어주고 그 이야기를 어머니 아버지가 반복하면서 잘못된 낱말이나 접속사를 바르게 말하여 들려주는 방법을 취하노라면 어린이의 마음을 상하게 하지 않고도 바른 말이 몸에 배게 할 수 있을 것이다.

어린이가 말을 하는 도중에 막아버리고 어머니의 억측으로 이야기를 이어나가거나 '무슨 뜻인지 모르겠다.'는 말을 자주 하게 되면 모처럼 갖기 시작한 말에 대한 흥미나 자신감이 시들해지기 쉽다.

3살 ~ 4살

칭찬이 통용되는 시기이다

두 살 무렵에는 칭찬하는 육아법만으로는 통하지 않던 것이 세 살이 지나서부터 이해력이 생기고 말을 알아들을 수 있게 되어 칭찬하는 육아법이 꽤 효과를 발휘한다.

아직 자기 본위의 정신구조는 상당히 뿌리 깊게 남아있으므로 어른의 선악판단을 그대로 강요해도 말을 듣지 않는 경우가 흔히 있다.

이런 때에는 어른도 세 살 아이의 정신구조를 이해할 필요가 있는데, 한편으로는 사회 구조 속에서 인내하는 마음과 양보하는 마음을 가르쳐야 하는 시기이기도 하다.

자신의 응석이 그대로 통한다고 생각하는 어린이는 집단생활 가운데에서 밀려나게 될 것이다. 친구를 갖고 싶어 하는 이 시기야말로 자아의 억제나 협조하는 마음을 기르기에 좋은 때이다.

친구에게 친절하게 대했을 때나 잘 참았을 때는 약간 푸짐하게 칭찬해주면 어린이는 칭찬을 받았다는 쾌감이 크게 확장되어 참느라고 쌓인 스트레스가 깨끗이 없어질 것이다.

칭찬과 격려를 잊지 말도록

그림) 아이를 칭찬하는 엄마

아직 자기중심적인 마음이 강하지만 그런데도 친구가 갖고 싶은 이 시기야말로 칭찬하는 육아법이 큰 효과를 발휘한다.

하지만 칭찬이 지나치게 편애에 가깝거나 도가 지나치면 장래 칭찬을 듣지 않으면 안심하지 못하는 비정상적인 마음의 소유자가 될지도 모른다. 선과 악의 구별을 확실하게 한 다음에 칭찬하도록 하자.

★ 신체•움직임 ★

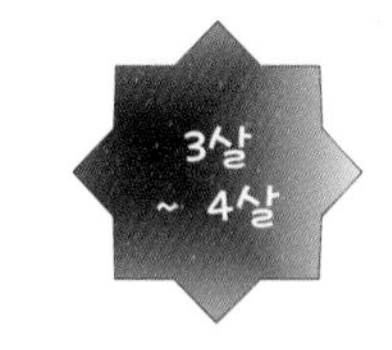

집 밖에서 운동능력을 길러주자

신체가 튼튼해져서 어린이놀이터의 놀이기구는 모조리 제패해버릴 만큼 운동능력이 발달한다.

한 쪽 다리로 서거나 손잡이를 잡지 않고도 교대로 발을 내디디며 계단을 오르거나 약간 높은 곳에서 뛰어내리거나 세발자전거를 자유자재로 타는 등 놀이의 방법이 매우 다양해지고 활발해진다.

이러한 활동을 할 수 있는 것은 손발을 비롯한 전신근육의 협조운동이 진보되었기 때문이며 또 균형을 잡는 감각, 컨트롤 능력 등이 발달되었기 때문이다.

운동능력은 이 시기에 급속히 발달하는데 이 발달에는 개인차도 꽤 많고 또 개중에는 운동을 좋아하지 않는 어린이도 있다.

그런데 운동능력이 좋고 나쁨은 '유전'이라고 체념해버리는

어지럽게 돌아다닌다

그림) 계단을 뛰어내리는 어린이

경우가 많은데 전적으로 유전이라고만은 할 수 없다. 굳이 표현하자면 소질 + 환경 또는 자극이라 말할 수 있을 것 같다.

운동기능의 발달이 왕성한 이 시기에 마음껏 집 밖에서 놀이를 할 수 있느냐, 운동기능을 발달시키는 좋은 자극이나 기회가 주어졌느냐에 따라서 유치원아, 어린이집 원아 혹은 학생이 되었을 때의 운동능력에도 영향이 미치는 것 같다.

이 무렵에 할 수 있는 운동으로는 평균대 건너기나 발끝으로 걷기, 뒷걸음질 등이 있다. 또 세발자전거 등도 타보기를 간절히 원한다.

유치원이나 어린이집에 통원하는 도중, 혹은 가까운 공원이나 놀이터에서 어른이 조금만 거들어주며 이 시기에 할 수 있는 운동을 하도록 부추기면 어린이는 생활 속에서 즐거움을 맛보며 운동능력을 키워나가게 될 것이다.

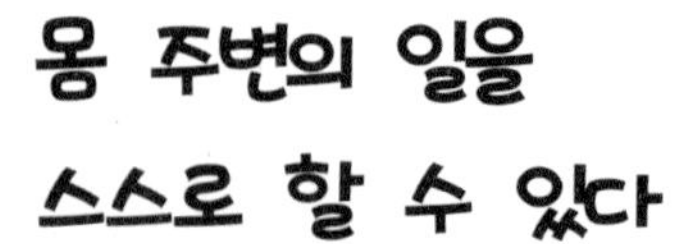

한국인은 손재주가 좋은 민족이라고 하는데 그것은 식사할 때 '수저와 젓가락'을 사용해서 먹는 습관이 모르는 사이에 손끝 트레이닝으로 작용하는 때문인 것 같다.

잡기만하면 음식을 먹을 수 있는 숟가락과 손끝을 재간대로 연속적으로 움직이지 않으면 안 되는 젓가락은 손끝 협조운동의 난이도에 상당한 차이가 있다.

어린이는 세 살 전후부터 젓가락을 사용할 수 있게 되어 어른의 도움 없이 혼자 음식을 먹을 수 있게 된다.

이 무렵에 확립된 '숟가락과 젓가락으로 먹는 습관'은 평생을 두고 몸에 붙어 다니기 때문에 처음부터 숟가락과 젓가락을 바르게 쥐고 사용하는 법을 마스터하게 해주면 좋다.

처음에는 어색해서 어린이도 생각한대로 음식이 입으로 들어가지 않으면 안달이 나서 숟가락이나 젓가락을 포크처럼 쥐고 음식을 찔러서 먹으려한다.

젓가락에 감각이 익숙해지기까지는 어린이가 하고 싶은 대로 하게 내버려두었다가 서서히 바르게 잡는 법을 가르쳐주면 된다.

또 옷에 단추를 끼우는 동작도 이 무렵부터 할 수 있다. 역시 처음에는 단추 한 개 끼우기에도 상당한 시간이 걸려 곁에서 지켜보는 어른이 무의식중에 도와주고 싶어지는데 무슨 일이든 훈련을 쌓아야 비로소 완성되니 시간이 허락하는 한 따뜻이 지켜보며 스스로 하게 하는 것이 중요하다.

그밖에 손을 씻거나 이를 닦는 등 일상적인 생활 습관도 단순히 어른의 흉내가 아니라 어린이의 습관으로 확립시켜주는 것이 좋으므로 이런 면에서도 '세 살 버릇 여든까지 간다.'는 말은 적용된다. 바꾸어 말하면 세 살 때의 좋은 습관이 평생을 두고 따라다니게 된다는 것이다.

대소변을 가리는 습관도 스스로 바지를 벗고 할 수 있게 되겠지만 뒤처리에는 아직 어른의 도움이 필요하다.

확실하게 할 수 있는 것만 스스로 하게하고 아직 무리한 일은 부모가 상냥하게 도와주는 태도가 바람직하다.

형상形象을 그릴 수 있게 된다

크레파스나 연필로 그냥 그리던 낙서에서 차츰 형태가 있는 그림을 그릴 수 있게 된다.

이를테면 동그라미를 그려 보이면 그것을 보면서 아이도 동그라미를 그린다. 아주 동그랗지는 않지만 동그라미에 가까운 그림을 그리면 잘 그린 것이다.

그림책과 같이 그릴 수 있게 되었다는 것은 눈과 손의 세밀한 협조가 이루어지게 되었다는 사실을 말해주는 것이다.

네 살이 가까워지면 꽃이나 집이나 사람처럼 현실에 존재하는 물체를 그릴 수 있게 된다.

또 가위를 사용하는 솜씨도 좋아져서 색종이를 오려 스스로 연구해서 뭔가를 만들거나 점토나 지점토를 사용해서 자기의 이미지를 형상으로 만들어내는 창작활동도 할 수 있게 된다.

아무튼 이 시기에는 손재주가 눈에 띄게 진보되는데 이것도 눈과 손의 협조, 혹은 두뇌의 감각과 신체의 각 근육이 협조할 수 있게 되었다는 증거다.

그림) 크레파스를 들고 있는 아이

자연스런 환경의 중요성(1)

대기오염, 수질오염이 환경문제가 되고 녹색을 되찾으려는 운동도 계속 전개되고 있다.

자연파괴, 환경오염은 자체가 문제일 뿐 아니라 우리의 건강을 위협하고 게다가 자손에게까지 재난이 미칠지 모르는 심각한 문제이기도 하다.

하지만 오염되는 것이 과연 물질적인 환경뿐일까? 그보다도 우리 마음의 오염이 더욱 큰 문제 아닌가?.

다행스럽게도 최근에는 물질적인 환경의 오염은 조금씩 정화되기 시작해서 산야에는 푸름이, 숲에는 산새들이, 개울에는 물고기가 돌아오기 시작했다.

이것은 우리 모두가 자연의 위대함이나 중요성을 깨닫고 환경을 더럽히지 않도록 노력한 결과이다. 우리의 마음도 우리가 더욱 깨끗하고 아름답게 가꾸려는 노력을 한다면 얼마든지 훌륭한 사회를 만들 수 있으리라 생각하니 아쉬움을 금할 수 없다.

편식에 대해서

편식은 세 살, 혹은 다섯 살 경에 시작하는 경우가 많다고 한다.

어디까지를 편식이라 하느냐는 정의를 내리기는 어렵지만 그 빈도頻度는 약 20%라고 한다.

다시 말해서 유아幼兒나 아동兒童 가운데 5명 중 1명은 편식하는 버릇이 있다는 말이다.

편식에 대해서 생각할 때 먼저 주의하지 않으면 안 될 것은 '외관상의 편식'이다.

외관상外觀上의 편식이라는 것은 부모가 자기의 취향을 어린이에게 강요하는 경우를 말한다.

한 학자의 말을 빌면 국민 대부분이 편식하는 버릇을 가지고 있다는 것이다.

그러기 때문에 어린이의 편식을 문제 삼기 이전에 '외관상의 편식은 아닌지' 반성해볼 필요가 있다.

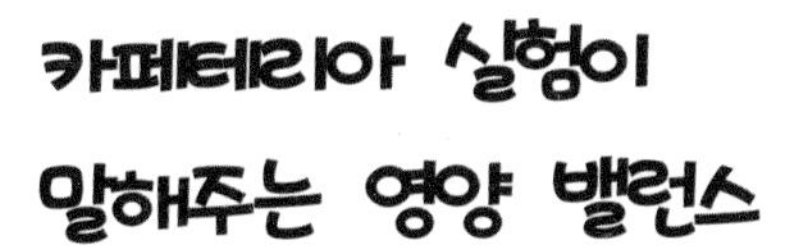

편식은 없는 것만은 못한 버릇이지만 이미 그런 버릇이 생겼을 경우에는 그것을 짧은 시간에 무리를 해가면서까지 고치려 하지 않는 편이 좋다.

왜냐하면 편식은 단순한 기호의 편중이어서 그로 인해서 반드시 영양의 균형이 깨지는 것은 아니기 때문이다.

미국에서 실험한 카페테리아 조사(셀프서비스 식당 이름을 딴 식사의 조사)에 따르면 유유아乳幼兒의 선호하는 음식에 대한 자유선택을 장기간에 걸쳐서 관찰해보면 매회의 식사에서는 영양의 편차가 보이지만 장기간을 통해서 보면 어린이가 좋아하는 대로 먹게 내버려두어도 어린이의 영양은 양적으로나 질적으로 착실하게 충족되고 있다고 보고했다.

편식은
왜 생기는가

편식이 생기는 원인 중 하나는 음식물의 강요에 대한 거부반응이다.

영양상의 문제로 어머니가 특정한 음식, 특히 어린이가 싫어하는 음식을 강제적으로 먹이려한 결과 일어나는 현상이다.

둘째는 암시暗示에 따른 편식이다. 이를테면 아버지가 조심성 없이 '이 따위 음식 맛이 없어 먹을 수가 있어야지...'하고 내뱉으면 유아幼兒는 그 말의 암시에 걸린다는 것이다.

셋째는 불쾌한 체험에 의한 것이다. 이를테면 그 음식 때문에 식중독을 일으켜 구토나 설사로 고생했던 체험 때문에 나타나는 현상이다.

넷째는 편 혐오偏嫌惡에 의한 것으로, 생선을 먹고 싶지만 가시가 많아서 먹을 수가 없는 등 심리적인 이유가 작용한 경우이다.

다섯째는 연상連想에 따른 편식으로 '새우는 전갈처럼 보인다.'던가 '케첩은 피를 연상케 한다'는 등 마치 드라큘라와 같은 연상을 함으로서 나타나는 결과다.

여섯째는 제법 어린이다운 편식이라 말할 수 있는데, 식생활과 연민의 혼동에서 일어나는 현상이다. 즉 예쁘게 생긴 것은 불쌍해서 먹을 수 없다는 심리다. 이를테면 '닭은 예쁘니까 먹을 수 없다.' '금붕어가 생각나서 생선을 먹을 수 없다.' 등등.

일곱째는 어떤 이유로 그 음식을 못 먹었을 경우 훗날 그 음식을 먹을 수 있게 되었을 때 그 음식만 먹고 싶어 하는 것이다. 다시 말하면 편호 경향이 생기는 것이다.

어머니의
지혜와 애정으로 편식을 고쳐나가자

영양이 다소 기울어도 심각한 사태에 빠지기야 하겠느냐고 생각하지만 약간 각도를 바꿔서 바라보면 한 번 밖에 없는 인생인데 맛있는 음식을 먹어보지도 못한 채 지낸다는 것은 재미가 없지 않겠느냐는 생각도 든다.

한 작가의 소설 『김밥』에 등장하는 편식 아동의 경우 식사할 때 반찬이라고는 달걀과 김 정도밖에 먹지 않으며 어머니 이외의 다른 사람 손이 닿은 음식은 먹어도 토해버리는 신경질적인 어린이가, 이 아들의 건강을 걱정하던 어머니가 어느 날 한 가지 묘책을 내어 양지쪽 마루에 돗자리를 깔고 아들을 앉힌 다음 새로 장만한 도마와 식칼, 게다가 자기의 손도 청결하다는 것을 확인시키면서 김밥을 말기 시작한다.

처음에는 아들이 좋아하는 달걀부터 넣고 다음에는 오징어, 흰 살 생선의 순으로 넣어서 김밥을 말아 먹는 음식이 생각보다 맛있다는 최초의 경험과 음식을 가리지 않는 성취감을 맛보게 해줌으로써 싫어하는 음식을 가까이하게 한 것이다.

또 한 주부는 아들의 편식을 고치기 위해 싫어하는 것, 그저 그런 것, 좋아하는 것 순으로 속을 넣고 김밥을 말아놓고 싫어하는 반찬이 들어있는 것부터 먹였다고 한다.

먹다보니 자기가 좋아하는 반찬이 들어있는 김밥이 나오더라…는 이 방법은 어린이의 자주적인 의욕을 이용한 매우 현명한 방법이라 생각된다.

두 경우 모두 어머니의 깊은 애정과 자연히 솟아난 지혜를 느낄 수 있어 마음 훈훈한 일화다. 다시 말해서 아이들의 편식은 어머니의 사랑과 지혜만 있으면 해결되는 것 같다.

그림) 편식하는 아버지와 따라하는 어린이

자연스런 환경의 중요성(2)

어린이는 자연을 매우 좋아한다. 자연 속에 있는 어린이는 정말로 싱싱하게 피어나는 꽃과 같다.

알프스의 소녀 '하이디' 이야기는 자연이 어린이의 심신건강에 얼마나 중요한지 어른들에게 깨닫게 해준다.

웅대한 알프스의 자연 속에서는 그토록 건강했던 '하이디'가 인공적인 생활 속에서는 차츰 생기를 잃어간다. 그와는 반대로 '하이디'의 인도로 알프스의 대자연을 접하게 된 다리가 불편한 소녀는 자연에서 받은 해방감으로 걸음을 걸을 수 있게 된다. 자연은 어떤 의료행위나 의약품보다도 뛰어난 힘을 준다.

'어린이는 바람의 아들'이라는 말도 어린이와 자연의 깊은 관련을 표현하는 것 같다. 인공적인 냉난방이 완비된 온실 속에만 있는 어린이는 튼튼하게 자라지 못한다.

언뜻 준엄하게 보이는 천연의 현상現象도 어린이의 심신은 참으로 순수하게 받아들이는 것이다.

마음과 육체를 길러준다

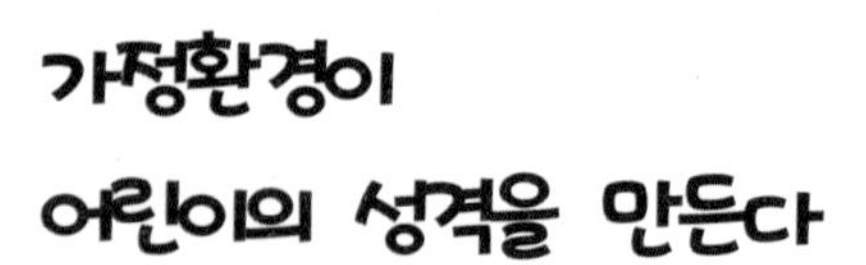

세 살 전후는 인격 형성에도 대단히 소중한 시기이다. 인격 형성에 가장 중요한 것은 어린이를 둘러싼 주위환경, 특히 가정환경이다.

어린이, 특히 유아幼兒에게 물질은 적당히만 있으면 되지 싶다.

의식주衣食住에 부족함만 없는 정도라면 나머지는 가정 내의 분위기가 밝고 따뜻한 것이 어린이에게는 가장 좋은 환경이라 생각한다.

한 살에 혼자 걷기를 시작하고 두 살에 자아自我를 자각하고 세 살이면 협조하는 즐거움을 아는 단계를 거치면서 대부분의 어린이는 스스로 심신을 성장시켜나간다.

이 독자적인 성장을 양친이나 가족이 어떻게 감싸주느냐는 장래의 인격형성에 크게 영향을 미칠 것이다.

이 시기에는 어린이 각자의 성격이 꽤나 뚜렷하게 나타나는데 성격적으로 약간의 문제가 있는 어린이는 그 배경에 다소 문제가 있는 가정이 존재하기도 한다.

너무 지나치게 관심을 가지고 기르다가 갑자기 그와는 정반대로 방치해서 기르는 가정환경 때문에 본디 곧게 자랐을 어린이의 성격이 알게 모르게 비뚤어지는 경우가 많다.

'이 아이는 어쩔 수가 없어.'하고 어린이만 나무라지 말고 먼저 부모가 자기 자신을 반성하고 가정환경에 결함이 없는지 돌아보는 것이 중요하다.

인색함이나 거짓말 하는 버릇은 일과성 현상

세 살 때에는 협조성이 생겼다고는 하지만 아직 소유욕이 강해서 무엇이고 자기의 것으로 삼고 싶어 하는 욕구가 강하다.

연상의 형제로부터 쩨쩨한 놈이라 빈축을 사게 되면 오기로라도 가지고 있는 물건을 놓지 않는 강경함을 보이기도 한다.

하지만 이것은 어른의 '물욕物欲'과는 약간 질이 다르다. 그저 독점하고 싶다는 단순한 심리에서 나오는 '쩨쩨함'이다.

세 살이 지나면 이 쩨쩨한 버릇을 잘 유도해서 협조나 화합의 즐거움으로 바꿀 수 있는데 이것은 어른들의 몫이다.

자기의 장난감을 빌려주면 친구의 장난감도 빌릴 수 있다는 것을 어린이로 하여금 이해하게 해주면 품 안에 끌어안고 있던 장난감을 선뜻 내주게 될 것이다. 쩨쩨하게 행동할 때 우격다짐으로 나무라기만 하면 더욱 완강하게 반발하지만 잘 타일러 납득시키면 쉽게 고칠 수 있는 것이 세 살 어린이의 특징이다.

또 이 시기에 곧잘 거짓말을 하는 어린이가 있다. 어머니는 '거짓말은 도둑질의 시초'라고 생각해서 심각하게 여기며 걱정하기 십상인데 실제로 이 무렵에 하는 거짓말은 사람을 속이려는 목적이 아니라 공상의 세계를 헤매던 중 자기도 모르게 입에서 나오는 유형의 분별없는 거짓말이다.

공상은 어린이의 상상력을 기른다는 점에서 중요한 능력이므로 빈번히 거짓말하는 어린이가 있다면 오히려 이 어린이는 장래 훌륭한 소설가가 될지도 모른다고 생각하고 어머니도 함께 공상을 즐기노라면 그리 걱정되지는 않을 것이다.

'거짓말하면 안 돼요.'하고 나무라기보다는 '그것 참 대단하군요.'하고 장단을 맞춰주면 어린이의 눈이 반짝거릴 것이다.

하지만 거짓말을 자기 이익을 위해 한 것이라면 부모는 단연코 나무라야 한다.

그림) 거짓말하는 어린이

사고방식의 배려

운동능력이 부쩍 발달해서 움직임은 민첩해지고 체력에 자신이 붙은 만큼 자신의 운동능력에 대해서 과신하기도 한다.

밖에서 노는 횟수가 늘어나는 한편 교통사고나 물놀이 사고도 늘어나는 시기이므로 안전교육이 반드시 필요하다.

세 살 어린이는 색깔도 구별할 수 있으므로 신호등의 판별방법도 철저하고 정확하게 가르쳐서 횡단보도를 건너는 법과 혼자 가면 위험한 장소 등을 몇 번이고 반복해서 가르쳐주어야 한다.

자립을 위해 신변의 환경을 정비해준다

그림) 잘 정리된 옷장을 들여다보는 어린이

혼자 자는 습관

이제부터는 혼자 자는 훈련을 시작할 시기이다.

이 무렵은 낮에 마음껏 뛰어 놀게 해주면 밤에는 포근히 잠드는 것이 보통이다.

혼자 침실로 들어가 혼자 자는 습관을 길러주어야 할 시기인데 심리적으로는 아직 어머니의 품속에 파고들고 싶은 마음도 크다.

그러기 때문에 잠이 들 때까지는 어머니가 곁에 있으며 책을 읽어주거나 자장가를 불러주거나 손을 잡아주는 등 신체접촉을 가지는 일도 필요하다.

또 자기가 좋아하는 동물인형 등을 옆에 놓아두지 않으면 잠들지 못하는 어린이도 있는데 이것도 마음을 진정시켜 편안히 잠드는 데 도움이 된다면 좋아하는 대로 해주는 것이 좋다.

자기 방에서 혼자 자는 것은 몇 살부터 시작해야 한다는 정해진 규칙은 없지만 초등학교에 입학할 무렵을 기준으로 서서히 혼자 자도록 해보는 것이 좋다.

이 시기의 어린이를 혼자 재울 경우 돌발적인 사고가 발생했을 때 부모가 재빨리 대처할 수 있는 장소를 고르는 것이 중요하다.

화재나 지진을 비롯해서 한밤의 갑작스런 발열이나 복통이 났을 경우에 대비해서 부모가 바로 달려갈 수 있는 거리나 장소를 어린이의 침실로 정해야 한다.

그림) 혼자 자려는 아이와 재우는 어머니

생활습관을
들이기 쉬운 상태로 만들어주자

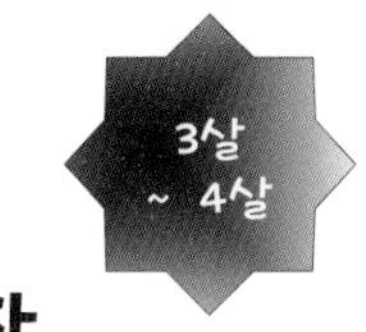

손 씻기, 세수, 이 닦기 등 기본적인 일상생활을 혼자 하는 습관을 들이면 좋을 시기에 접어드는데 이것을 성공시키려면 어린이가 스스로 하기 쉬운 상태로 환경을 정비해줄 필요가 있다.

이를테면 세면대가 너무 높아서 수도꼭지에 손이 닿지 않는 경우는 안정된 발판이나 의자 등을 놓아두어 언제든지 혼자 발돋움을 하고 손이나 얼굴을 씻을 수 있도록, 혹은 이를 닦을 수 있도록 어른이 준비해주어야 한다.

식탁의 높이가 어린이의 앉은키에 맞지 않으면 흘리는 원인이 되고 자세가 나빠질 것이다.

화장실 변기도 어른에 맞춘 크기이기 때문에 어린이에게는 맞지 않는다. 어린이용 변좌便座를 변기 위에 올려놓고, 식탁 의자의 높이를 맞추어 조절하는 등 온가족이 협력해서 어린이에게 적당한 생활환경을 만들어주자.

'혼자 해버릇하세요.'하고 아무리 외쳐도 어린이가 혼자 하기 어려운 환경이면 실제로 할 수가 없으며 하고자하는 마음도 쉬 없어진다.

그와 동시에 기본적인 생활습관을 몸에 익히게 할 경우에는 어른이 바른 방법을 자상하게 가르쳐주는 친절도 필요하다.

그런 기본이 없다면 생활의 '자립'은 어려울 것이다.

어린이의 마음을 상하게 하지 말자

어린이의 마음은 맑고 깨끗한 만큼 상처받기 쉬우므로 기르면서 상처받지 않도록 주의하지 않으면 안 된다. 특히 주의해야 할 것은 가치관의 차이를 인정하는 것이다.

나는 어린이에게는 농담이 통하지 않는다는 것을 체험을 통해 배웠다.

친척 어린이가 필자의 집에 다니러 왔을 때의 일인데, 너무나 퉁탕거리며 시끄럽게 하기에 '그렇게 떠들면 휴지통에 버릴 테다.'하고 말했더니 그것을 진짜로 알아듣고 울음을 터뜨리는 바람에 달래느라 진땀을 흘렸다.

어른이라면 농담으로 받아넘길 말이라도 어린이는 진지하게 받아들인다.

어린이의 가치관을 모두 옳다고 말하지는 않겠으나 인생의 선배인 어른이 어린이의 세계로 내려가 그 가치를 다시 생각해보고 어린이의 마음을 헤아리는 겸손함을 잊어서는 안 될 것이다.

어머니와의 대화

그림) 어린이와 신발

어머니와의 대화

좋은 성격이란

어머니 : 좋은 성격의 소유자로 기르고 싶은데, 성격이란 결국 선천적인 것일까요, 아니면 후천적으로 만들어지는 것일까요?

카즈오 : 매우 어려운 질문이군요. 확실히 가지고 태어난 성격이라는 것이 있기는 합니다. 그에 대한 작용에 따라서 좋은 면이 신장되거나 반대로 일그러지거나 하겠죠. 그러기 때문에 기르는 방법도 그 아기의 개성을 알고 대응하는 것이 바람직합니다.

결국 어린이의 성격형성에 크게 영향을 주는 것은 어린이에 대한 어른의 접촉방법입니다.

부모가 화를 잘 내는 성격이어서 감정을 노출시키며 어린이를 나무라거나 가끔 체벌을 가하거나 하면 어린이는 온후하고 원만한 성격의 소유자가 될 수 없습니다.

어렵게 좋은 환경을 조성해야겠다는 생각을 하기 보다는 우선 어린이와 정중하게 접한다, 혹은 어머니가 마음을 평온하게 유지하며 어린이를 접하는 것이 중요하다고 생각합니다.

365일 날마다 하는 일이므로 이것은 '말하기는 쉬워도 행동하기는 어려운 일'이라고 생각되지만 우선은 남편을 비롯한 가족 간의 트러블을 피하고 원만하게 생활하도록 노력하는 것이 기본이지요.

어머니 : 좋은 성격이라 하면 막연하게 생각되지만 저희들은 정서가 풍부한 사람이 되기를 바랍니다. 아기 때부터 어버이가 노력해야할 일이 무엇일까요?

카즈오 : 마음이 상냥하고 정서가 풍부한 사람으로 기르고 싶어하는 어버이는 대단히 많습니다. 나도 그런 아버지 중 한 사람이었습니다.

그리고 한 가지 방법으로 딸아이가 어릴 때부터 될 수 있으면 좋은 책을 접하도록 마음을 써왔습니다.

유유아기乳幼兒期 어린이의 정서는 지극히 단순한 쾌·불쾌의 감정에서부터 시작해서 차츰 복잡한 것으로 변해갑니다.

초등학교에 입학할 무렵까지는 어른이 지닌 정서와 거의 같은 것을 몸이 익힌다고 하니 역시 아기 때부터 부모의 접촉방법은 중요하다고 말할 수 있겠지요.

어린이 정서의 발달양상(분화)은 아래의 도표와 같은데 유아기幼兒期의 어린이는 정서에 의해 그 행동을 지배받는다는 견해도 있습니다.

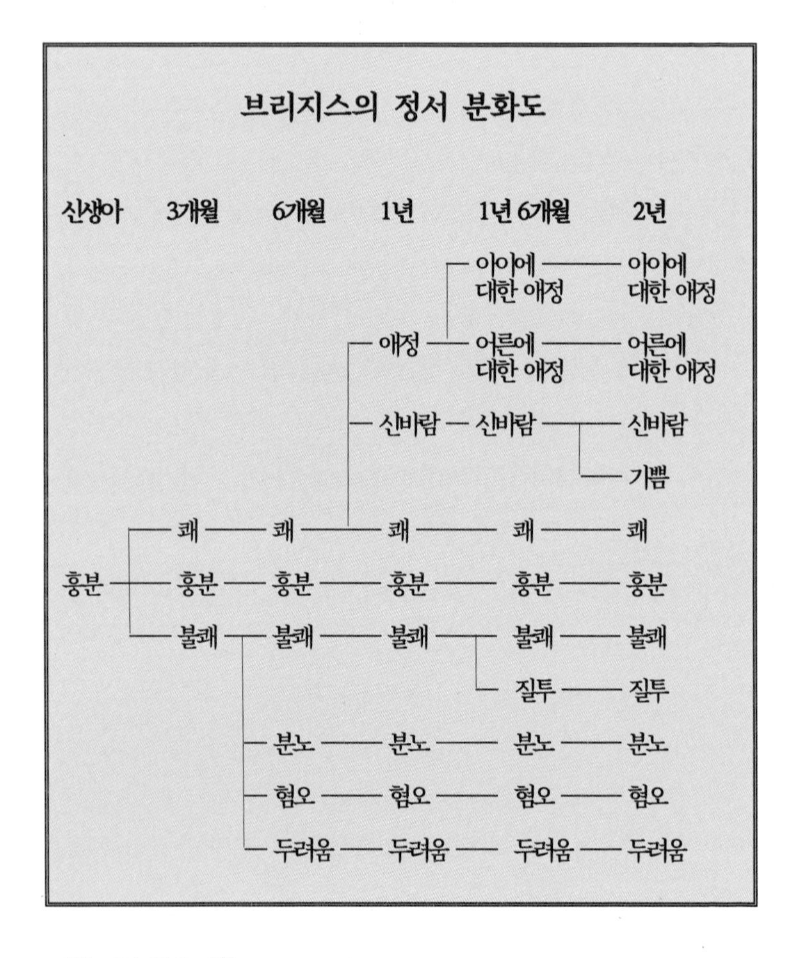

놀라거나 무서운 생각을 하면 어머니의 가슴에 파고들며 기쁠 때는 팔짝팔짝 뛰면서 기쁨을 표현하는 한편 불쾌한 일이나 화가 나는 일에 대해서도 꽤나 극단적이고 충동적인 태도(상대방을 떠미는 등)를 취합니다.

이성理性으로 컨트롤할 수 없으므로 감정이 시키는 대로 행동해버립니다.

이와 같은 유아기幼兒期의 정서를 원활하게 발달시키는 기본은 깊은 애정을 가지고 어린이를 접하는 부모의 태도일 것입니다.

피아노나 바이올린을 가르치거나 미술학원에 보내는 일보다도 먼저 해주셔야할 것은 애정을 뿌리로 한 인간관계의 체험입니다. 정서가 다양하게 분화되는 유아기幼兒期의 어느 시기에나 소중한 것이 이 애정을 기본으로 한 사람과의 상관관계입니다.

피아노나 바이올린의 기교를 기계적으로 주입한다해도 어린이의 정서는 풍부해지지 못하지만 음악을 아름다운 소리로 느낄 수 있는 마음을 길러주면 그 어린이의 정서는 언젠가는 아름답게 꽃필 것입니다.

아름다운 소리를 아름답다고 느끼는 마음은 양친이

나 주위 사람들에게 온전히 사랑받는 축복받은 상태 (환경)에서 생기는 것이라고 생각합니다.

그림) 리본이 묶인 나팔

책과 TV의 영향

어머니 : 좋은 책과의 만남이 소중하다는 것은 잘 알겠습니다. 흔히 사춘기에는 책의 영향이 크다고 하는데 갓난아기나 유아기에 그 씨앗을 뿌려야 한다는 뜻인가요?

카즈오 : 그렇다고 생각합니다.

어머니 : 글자는 말할 것도 없고 말도 알아듣지 못하는 아기에게 책을 주어 무슨 소용이 있느냐고 생각하는 사람도 많은 것 같은데요.

카즈오 : 말을 하지 못하는 어린이의 마음속에도 이미 책을 읽어주었으면 하는 욕구가 있다고 누군가 말했습니다.

색깔이나 모양이 단순하고 아름다운 색채의 그림책이라면 유아기乳兒期의 어린이도 기뻐합니다. 하지만 그림책을 아기에게 건네주면 그것은 책이라기보다는 단순한 종이 '장난감'이 되어버립니다.

머리에 이거나 잡아당기거나 찢거나 하기에 편리한 장난감이지요.

그림) 혼자 젓가락을 들고 밥 먹는 아이

그러나 어머니나 형제들이 곁에 있어주며 함께 보거나 간단한 문장을 읽어주면 아기에게 그림책은 '그림책'이지 '장난감'이 아닙니다.

언제부터 주는 것이 이상적이라고 거북하게 생각할 것이 아니라 흥미를 가지면 읽어주거나 보여주는 것이 좋습니다. 10개월이 지나서 엄마, 맘마, 빠빠 등의 낱말을 말하기 시작할 무렵에 읽어주던가 동화책을 좋아하게 되는 5, 6개월 경에 어린이용 그림책(동화가 들어있는)을 읽어 주는 것도 좋습니다.

이 기회에 이야기책에 대해 한 마디 덧붙인다면 두, 세 살의 유아幼兒라도 동화 속의 '사실'과 '거짓'은 뚜렷이 구분하는 것 같습니다.

'그것을 알면서 동화 속의 `허구`를 즐긴다.' 이것은 한 작가의 생각인데 이 허구 가운데에서 어린이의 정신세계가 크게 확장되는 것이겠죠.

'어린이가 한 권의 책을 읽으면 하나의 세계를 마음속에 만들 수 있고 세 권의 책을 읽으면 세 개의 세계를 만들 수 있다. 그리고 마음속에 형성된 몇 개의 이야기 세계의 사건들을 함께 기뻐하거나 함께 슬퍼하는 동안에 어린이는 자연히 확장된 자신의 세계를 갖거나 현실과 자신과의 괴리를 메워갈 수 있게 된다.'고 말씀하신 그 작가의 생각에 저도 전적으로 동감합니다.

어린이들에게 동화책을 잔뜩 읽어주거나 마음속에 여러 세계를 개척해주십시오.

어머니 : 최근에는 책보다도 TV가 대세인데 0세 아기의 경우 TV를 보면 시력에 나쁜 영향을 미치지는 않나요?

그림) 혼자 옷 입는 아이

카즈오 : 6개월이 지난 어린이는 눈의 기능도 꽤 발달하여 TV 화면을 좇는 것도 가능해지기 때문에 아기만 좋아한다면 보여주어도 상관이 없습니다.

그러나 유아기幼兒期에는 내용을 아직 모르기 때문에 기껏해야 화면의 움직임에 흥미를 갖거나 소리에 끌리는 정도입니다.

유아幼兒를 위한 프로그램의 리듬감 있는 음악이나 선명한 색깔의 화면은 특히 좋아하는 것 같습니다.

유아幼兒가 장시간 TV를 보면 계속되는 화면의 변화를 좇느라 눈이 매우 피로해지므로 1회에 30분 정도 TV를 보이고 나서는 스위치를 끄고 '이제 끝났네요.'하고 관심을 다른 데로 돌리십시오.

자기가 좋아하는 프로그램만 보고나면 스위치를 끄는 습관을 유아기乳兒期에 확립시키면 유아기幼兒期, 학령기學齡期가 되었을 때 지나치게 TV에 집착하는 버릇이 없어질 것입니다.

눈에 피로가 오지 않게 하기 위해서는 TV에서 2미터 정도 떨어져서 TV의 화면이 눈높이보다 약간 낮게 위치하도록 주의하시기 바랍니다.

어린 시절에는 되도록 어머니의 무릎 위에 앉히고 함께 TV를 보는 것이 바람직하다고 생각합니다.

TV를 보여주기만 하면 말썽을 피우지 않아서 편하다는 생각에 장시간 TV 앞에 아기를 두면 시력뿐 아니라 마음의 발달에도 좋을 것이 없습니다.

자장가를 불러주고 싶다

어머니 : 갓 태어난 아기도 눈이 보이고 귀에 소리가 들린다는 말을 TV에서 듣고 깜짝 놀랐습니다. 풍금소리나 딸랑이를 흔들어도 소리 나는 방향을 돌아보지 않아 귀가 들리지 않는 것은 아닌가 해서 걱정했습니다. 소리가 들리는 방향을 돌아보게 되는 것은 몇 개월이 지나야 되는지요?

카즈오 : 청각은 생후 얼마 지나지 않아서부터 작용하기 때문에 신생아라도 소리는 다 듣습니다. 하지만 소리가 나는 쪽으로 얼굴을 돌리게 되는 것은 목이 안정될 무렵, 다시 말해서 생후 3개월이 지나서입니다.

이것은 청각의 문제가 아니라 뇌의 발달, 목이나 그 주변근육의 발달정도, 협조운동을 할 수 있느냐 없느냐 등의 문제입니다. 소리가 나는 방향으로 얼굴을 확실하게 돌리는 움직임은 생후 5개월 정도가 지나야 합니다.

3개월 미만인 어린이가 소리가 나는 쪽을 돌아보지

그림) 나무에 매달린 아기와 의자

않는다 해서 귀가 들리지 않는다고 판단하는 것은 잘못된 생각이며 비록 소리가 나는 쪽을 돌아보지 않아도 아기를 자세히 관찰하노라면 소리를 듣고 있는지 어떤지 분간할 수 있습니다.

딸랑이를 흔든 뒤 아기가 몸을 흔들거나 손을 움직이거나 눈을 깜빡거리거나 하면 아기는 분명 소리를 듣고 있는 것입니다.

또 호흡이 빨라지는 수도 있어 이러한 변화로 미루어 아기가 기분 좋은 흥분을 느끼고 있다는 것도 짐작할 수 있습니다.

그러기 때문에 신생아기부터 어머니는 아기에게 말을 걸어주거나 자장가를 불러주는 등 청각을 발달시키는 작용을 게을리 하지 마십시오.

아기의 기억력과 지혜

어머니 : 아기는 언제부터 '기억'을 할 수 있는지요?

카즈오 : 어머니의 입장에서 말하자면 고생하며 길러준 일을 처음부터 기억해주기를 바라시겠지만 대개 '기억'의 현상이 싹트는 것은 3개월 이후부터입니다.

만 3개월경부터 아기에 따라서는 사람을 알아보기 시작하는데 이것은 '기억'의 작용이 시작되었다는 증거라 말할 수 있습니다.

어머니와의 대화 등을 기뻐하게 되면 이것은 기억의 작용이 상당히 활발해졌다고 생각해도 좋습니다.

다시 말해서 반복되는 동작을 기뻐하는 것은 기억을 빼놓고는 설명할 수가 없기 때문입니다.

반복동작을 기대하는 행동은 5개월 아기의 반 이상에서 찾아볼 수 있으며 성장이 빠른 아기라면 4개월이라고 볼 수 있습니다(4개월 아기는 약 3분의 1정도).

또 외국의 한 소아과의사가 쓴 책에는 3개월 아기는 수 분 전의 일을, 생후 1년에서는 2주 전의 사건을 기억하고 있다고 씌어있습니다.

태어날 때의 광경을 기억하고 있다는 특이한 사람도 있지만 일반적으로 기억이라는 작용은 생후 3~4개월이 지나서부터인 것 같습니다.

이 무렵이 되면 비록 사람을 알아보지는 못할지라도 기억의 회로回路가 작동하기 시작했다고 생각해도 좋을 것입니다.

그림) 머리빗으로 머리를 빗으며 노는 아이

어머니 : 6개월 무렵부터 제 얼굴이 보이지 않으면 울음을 터뜨립니다. 기억력이 생겨 나를 기억했다는 사실은 기쁘지만 이런 경우 안아주는 것이 좋을까요, 내버려두는 것이 좋을까요?

카즈오 : 생후 6~7개월이 되면 아기는 응석하는 울음의 요령을 터득합니다.

응석을 피우기 위해서 울면 어머니가 뛰어와 말을 걸거나 안아준다는 것을 알고 있는 것입니다. 이 월령에는 울음소리로 자기의 요구가 전달된다는 것을 알게 되므로 우는 횟수가 점점 늘어납니다.

이쯤에서 어머니가 아기의 요구를 모두 들어주느냐 어떠냐가 문제로 대두됩니다.

응석으로 울 때마다 안아주거나 말을 걸어주었다가는 무엇이든 자기의 요구가 통한다고 생각하게 되어 장래 버릇없는 아기가 되지나 않을까 걱정하는 어머니가 많은 것 같습니다.

하지만 이 시기에는 아기 정서의 분화(앞에서 설명함)를 보면 알 수 있듯 두려움의 감정도 나타나므로 불안한 심리상태에서 해방되고 싶은 마음이 '응석울음'이 되는 것입니다.

마음의 성장의 한 과정이라 할 수도 있으므로 안아주는 버릇이라는 후유증을 걱정하기보다는 이 시기에 아기가 요구하는 것을 충분히 충족시켜주어 두려움이나 불안한 심리상태에서 벗어나게 해주는 것이 아기를 위하는 일이라 할 수 있을 것입니다.

육아가 교과서대로 되는 것은 아니므로 안는 버릇이 틀림없이 생길 것이라 단정하고 덤빌 필요도 없습니다.

따라서 응석울음을 방치해두는 것은 그다지 찬사를 보낼 일이 못됩니다. 그보다는 시간이 허락하는 한 어머니가 아기 곁에 있어주며 아기에게 말을 걸어주고 놀이의 상대가 되어주도록 노력하십시오.

어머니 : 전혀 사람을 알아보지 못하는데 이 아이는 어딘가 이상한 건 아닌지 걱정됩니다.

카즈오 : 다른 아기들과 다른 점이 있으면 걱정되는 마음은 알겠습니다만 틀림없이 좋은 인간관계 속에서 자란 아기일 것입니다.

양친뿐만 아니라 모든 사람에 대해 안도감을 가지고 있는 아기는 사람을 알아보는 낯가리기 시기가 없이 그대로 성장해버리는 예가 드물지 않습니다.

또 사람의 출입이 많은 집의 아기 가운데에도 낯을 가리지 않는 아기를 흔히 보게 됩니다.

아기라고는 하지만 저마다 개성은 있으며 또 환경에 따라서도 발달 과정에서 나타나는 행동은 다릅니다.

아기만 생각하지 말고 기르고 있는 환경이나 가정의 정황도 감안해서 판단하는 것이 중요합니다.

어머니 : 이제 곧 세 살이 되는데 낯가리는 버릇이 없어지질 않습니다. 집단생활을 시작하기 전에 고쳐주고 싶은데 어떻게 하면 좋을까요?

카즈오 : 어른도 낯을 가리는 사람은 있습니다만 이것은 성격적인 문제입니다.

낯가리는 버릇이 장기간 계속되는 어린이의 경우도 성장의 어느 한 시기의 일과성 현상이 아니라 다분히 성격에서 오는 것일 겁니다.

부모가 기한을 정해놓고 언제까지 고쳐야겠다고 생각하는 것은 아기에게는 반대로 성가신 일일지도 모릅니다.

낯가림을 고치기 위해서라며 무리하게 타인과의 접촉을 늘린다면 오히려 불안이 쌓이게 되어 역효과가 나는 경우도 있습니다.

그 아기가 가장 신뢰하는 사람, 예를 들면 어머니나 언니 등과 함께 다른 사람을 만나는 체험을 쌓아나가거나, 약간 연상의 아기를 잘 돌봐주는 착한 기질의 어린이와 함께 놀게 해주면 좋습니다. 타인과 어울리는 기쁨을 터득해나가는 데 이 방법이 의외로 효과를 거두는 것 같습니다.

일상생활 가운데에서 무슨 일이든 혼자서 하도록 맡겨두거나 격려하며 자립심을 길러주는 것도 주의를 기울이며 노력한다면 점차 좋아지리라 생각합니다.

| 참고도서 |

1. 月齢別 心をはぐくむ育児一赤ちゃんライフ
   馬場一雄 著 | 主婦と生活社 | 1983. 1.
2. ママの不安に答える赤ちゃん・幼児の病気百科一いざというときの応急手当とシンプルホームケア
   馬場一雄, 柴田道子 著 | ナツメ社 | 1988. 10.
3. 子どものソフトサイン一子育ての科学
   馬場一雄 著 | メディサイエンス社 | 1991. 06.
4. 子育ての医学
   馬場一雄 著 | 東京医学社 | 1997. 7.
5. 続・子育ての医学
   馬場一雄 著 | 東京医学社 | 2000. 6.
6. 小兒疾患の診斷治療基準
   馬場一雄 他監 | 東京醫學社
7. 의학으로 보는 아기 키우기
   바바카즈오 지음 | 김재천 옮김 | 정담 | 2006. 01.
8. 花を育てるように-小兒科醫の思い
   馬場一雄 著 | 東京醫學社 | 2008. 04.
9. 小兒生理學
   馬場一雄 監修 | 原田研介 編集 | へるす出版 | 2009. 05.